"十四五"高等学校数字媒体类专业规划教材

虚拟现实开发基础及实例

主 编 王 晨 项 征

副主编 曲一凡 符啸威 屈丽艳

中国铁道出版社有限公司

CHINA RAILWAY PUBLISHING HOUSE CO., LTD.

内 容 简 介

目前，虚拟现实技术有着广泛的发展空间，由于能够模拟现实情况的特性，使得其很适合应用于军事、医疗、培训、艺术、设计及娱乐等领域。如何将虚拟现实技术和现有技术相结合来生成一个真正的虚拟现实产品是本书的核心问题。本书共分 6 章，主要内容包括虚拟现实技术概述、虚拟现实技术的设备、虚拟现实开发工具综述、虚拟现实的开发语言、虚拟现实开发工具及虚拟现实的应用实例。前 3 章注重让读者了解虚拟现实技术的发展史，后 3 章通过对编译语言和开发工具及应用实例的详细介绍，让读者能够自行开发虚拟现实产品。

本书内容结构清晰，逻辑严谨，整体注重理论与实践相结合，适合作为高等院校数字媒体技术、数字媒体艺术、游戏动漫等相关专业的教材，也可作为虚拟现实技术开发人员的自学参考用书。

图书在版编目（CIP）数据

虚拟现实开发基础及实例/王晨，项征主编. —北京：
中国铁道出版社有限公司，2021.10
"十四五"高等学校数字媒体类专业规划教材
ISBN 978-7-113-27949-3

Ⅰ.①虚… Ⅱ.①王… ②项… Ⅲ.①虚拟现实-程序
设计-高等学校-教材 Ⅳ.①TP391.98

中国版本图书馆 CIP 数据核字（2021）第 086195 号

书　　　名：**虚拟现实开发基础及实例**
作　　者：王　晨　项　征

策　　划：王占清　　　　　　　　　　编辑部电话：（010）83529875
责任编辑：王占清　李学敏
封面设计：刘　颖
责任校对：焦桂荣
责任印制：樊启鹏

出版发行：中国铁道出版社有限公司（100054，北京市西城区右安门西街 8 号）
网　　址：http://www.tdpress.com/51eds/
印　　刷：三河市宏盛印务有限公司
版　　次：2021 年 10 月第 1 版　2021 年 10 月第 1 次印刷
开　　本：787 mm×1 092 mm　1/16　印张：13.5　字数：351 千
书　　号：ISBN 978-7-113-27949-3
定　　价：39.00 元

编 委 会

序

  "十三五"时期是我国全面建成小康社会的决胜阶段，国务院印发的《"十三五"国家战略性新兴产业发展规划》于 2016 年底公布，数字创意产业首次被纳入国家战略性新兴产业发展规划，成为与新一代信息技术、生物、高端制造、绿色低碳产业并列的五大新支柱之一，产业规模达 8 万亿元，数字创意产业已迎来大有可为的战略机遇期，对专业人才的需求日益迫切。

  高等院校面向数字创意产业开展人才培养的直接相关本科专业包括：数字媒体技术、数字媒体艺术、网络与新媒体、艺术与科技等，这一类数字媒体相关专业应该积极服务国家战略需求，主动适应数字技术与文化创意、设计服务深度融合的时代背景，合理调整教学内容和课程设置，突出"文化+科技"的培养特色，这也是本系列教材推出的要义所在。

  作为数字媒体专业人才培养的重要单位，哈尔滨工业大学设有数字媒体技术、数字媒体艺术两个本科专业，于 2016 年 12 月获批"互动媒体设计与装备服务创新文化部重点实验室"，该实验室主体是始建于 2000 年的哈尔滨工业大学媒体技术与艺术系，2007 年获批为首批（动漫类）国家级特色专业建设点和省级实验教学示范中心，2018 年获批设立"黑龙江省虚拟现实工程技术研究中心"。2018 年 3 月，国务院机构改革，将文化部、国家旅游局的职责整合，组建文化和旅游部，文化部重点实验室是中华人民共和国文化和旅游部为完善文化科技创新体系建设，促进文化与科技深度融合，开展高水平科学研究，聚集和培养优秀文化科技人才而组织认定的我国文化科技领域最高级别的研究基地。

  经过 20 年的探索与实践，哈尔滨工业大学数字媒体本科专业不断完善自身的人才培养观念和课程体系，秉承"以学生为中心，学生学习与发展成效驱动"的教育理念，突出"技术与艺术并重、文化与科技融合"的人才培养特色，开设数字媒体专业课程 50 余门，其中包括国家级精品视频公开课 1 门，国家级精品在线开放课程 3 门，省级精品课程 3 门，双语教学课程 7 门，本系列教材的作者主要来自该专业的一线任课教师。

  教材的编写是一个艰辛的探索过程，每一位作者都为之付出了辛勤的汗水，但鉴于数字媒体专业领域日新月异的高速发展，教材内容难免会有不当、不准、不新之处，诚望各位专家和广大读者批评指正。我们也衷心期待有更多、更好、更全面和更深入的数字媒体专业教材面世，助力数字媒体专业人才在全面建成小康社会、建设创新型国家的新时代大展宏图。

互动媒体设计与装备服务创新文化部重点实验室（哈尔滨工业大学）主任

吕德生

2019 年 5 月

前 言

近年来，虚拟现实技术随着互联网技术的发展进入了高速发展的快车道，虚拟现实产业作为当前互联网主流的学习与研究方向，吸引了大量互联网高科技企业，但是由于是新兴产业，行业中的研究与开发人员数量远远没有达到行业所需要的标准，在这种不对等的环境中，催生出大量的就业机会，而作为虚拟现实的爱好者和潜在开发者，现在正是入行的好时机。本书从多个角度介绍了虚拟现实技术，帮助初学者和爱好者了解虚拟现实技术的概念，同时搭配多种实例，帮助读者学习开发思想和模式，方便读者更深层次地了解虚拟现实技术。

本书共分 6 章，主要内容包括虚拟现实技术概述、虚拟现实技术的设备、虚拟现实开发工具综述、虚拟现实的开发语言、虚拟现实开发工具及虚拟现实的应用实例。前 3 章注重让读者了解虚拟现实技术的发展史，后 3 章通过对编译语言和开发工具及应用实例的详细介绍和叙述，让读者能够自行开发虚拟现实产品。本书内容结构清晰，逻辑严谨，整体注重理论与实践相结合。

本书由王晨、项征任主编，由曲一凡、符啸威、屈丽艳任副主编。具体编写分工如下：第 1 章由屈丽艳编写，第 2 章由项征编写，第 3 章由符啸威、贾敏、王镭编写，第 4 章由曲一凡、刘英鹏编写，第 5 章由王晨编写，第 6 章 VR 一体机应用部分由史传奇、贾琳编写，第 6 章 HTC 应用案例部分由丛东来、李岩编写，最后全书由王晨、项征统稿。

在本书编写过程中，各位专业老师付出了大量宝贵的时间、精力，在此一并表示衷心感谢。

由于编者水平有限，加之时间仓促，书中难免存在疏漏和不妥之处，恳请广大读者批评指正。

本书涉及的案例源代码请到 http://www.tdpress.com/51eds/ 处下载。

编　者
2021 年 3 月

目 录

第1章
虚拟现实技术概述

虚拟现实技术是由计算机产生，通过视觉、听觉和触觉等作用，使使用者产生身临其境的感觉，以达到用虚拟模拟现实的效果。

1.1 虚拟现实的概念

虚拟现实（Virtual Reality，VR），是一种通过计算机图形渲染将客观中并不存在的东西制造出来的三维的虚拟环境，在这个空间中，使用者通过佩戴头盔、使用操纵手柄等设备，使自身接收到来自设备的视觉、听觉和触觉等效果，使使用者产生身临其境的感受，用户可以在虚拟空间中和场景进行交互。在这个虚拟环境中，人们能够感觉自己真实地存在。虚拟现实利用了多种先进的技术，如计算机图形学技术、计算机视觉技术、传感与测量技术、仿真技术、多媒体技术、语言与模式识别技术、人机接口技术、网络技术和人工智能技术等，通过这些技术使用者将沉浸其中，形成具有交互效能的信息环境。眼睛是人最重要的信息接收器，当使用 VR 眼镜后，将直接替换人眼所接收的信息源，通过视觉的刺激，大脑会自动绘制出虚拟环境，从而使人沉浸在一个全新的环境中。

1.2 虚拟现实概念的由来

VR 概念、思想和研究目标的形成，与相关科学技术，特别是计算机科学技术的发展密切相关，经历了几个发展阶段。

1929 年，Edward Link 设计出一种飞机驾驶模拟器，乘坐者可以体验到在空中飞行的感觉。这是人类对虚拟现实技术的初次模拟尝试，随着仿真技术的不断研发，各种仿真模拟器陆续问世。1956 年，Morton Heilig 开发出多通道仿真体验系统 Sensorama，这套系统具有三维显示及立体声效果，而且能产生振动感觉。他在 1962 年的 "SensoramaSimulator" 专利具有一定的 VR 技术的思想。电子计算技术的发展和计算机的小型化，推动了仿真技术的发展，形成了计算机仿真科学技术学科。

1965 年，计算机图形学的奠基人 Sutherland 提出了一种全新的现实技术，他设想在这种技术支持下，观察者可以沉浸在计算机控制的虚拟环境之中，就像存在于真实世界中一样。同时使用者还能以特定的方式与虚拟环境中的对象进行交互，控制虚拟世界中的事物，并获取虚拟世界给予的仿真反馈，Sutherland 从计算机显示和人机交互的角度提出了模拟现实世界的思想，推动了计算机图形图像技术的发展，并启发了头盔显示器、数据手套等新型人机交互设备的研究。1968 年，Sutherland 成功研制了带追踪器的头盔立体显示器（HMD），受制于当时计算机技术，整个虚拟现实技术还处于萌芽之中，开发人员还属于探索阶段。

进入 20 世纪 80 年代，随着计算机技术的发展，虚拟现实概念开始成形。这一时期出现了几个典型的 VR 系统。1983 年美国陆军和美国国防部高级项目研究计划局（DARPA）共同制订并实施 SIMNET 计划，开创了分布交互仿真技术的研究和应用。SIMNET 的一些成功技术和经验对分布式 VR 技术的发展有重要影响。1984 年，NASA AMES 研究中心开发出用于火星探测的虚拟环境视觉显示器，将火星探测器发回地面的数据输入计算机，构造了三维虚拟火星表面环境。1984 年，VPL 公司的 JaronLanier 首次提出"虚拟现实"的概念。1987 年，JimHumphries 设计了双目全方位监视器的最早原型。

20 世纪 90 年代以后，随着计算机技术与高性能计算、人机交互技术与设备、计算机网络与通信等科学技术领域的突破和高速发展，以及军事演练、航空航天、复杂设备研制等重要应用领域的巨大需求，VR 技术进入了快速发展时期。

1990 年，在美国 Dallas 召开的 SIGGRAPH 会议对 VR 技术进行了讨论，提出 VR 技术研究的主要内容是实时三维图形生成技术、多传感器交互技术，以及高分辨率显示技术等。1994 年，Burdea 和 Coiffet 描述了虚拟现实的 3 个基本特征，即想象、交互和沉浸。21 世纪以来，VR 技术高速发展，软件开发系统不断完善，有代表性的如 MultiGen Vega、Quest3D、Virtual Reality Plaftorm 等。

1.3　虚拟现实的应用领域

虚拟现实的应用领域主要涉及以下几个方面：

1. 在影视娱乐中的应用

近年来，由于虚拟现实技术在影视业的广泛应用，以虚拟现实技术为主而建立的第一现场 9DVR 体验馆得以实现。第一现场 9DVR 体验馆自建成以来，在影视娱乐市场中的影响力非常大，此体验馆可以让观影者体会到置身于真实场景之中的感觉，让体验者沉浸在影片所创造的虚拟环境之中。同时，随着虚拟现实技术的不断创新，此技术在游戏领域也得到了快速发展。虚拟现实技术是利用计算机产生的三维虚拟空间，而三维游戏刚好是建立在此技术之上的，三维游戏几乎包含了虚拟现实的全部技术，使得游戏在保持实时性和交互性的同时，也大幅提升了游戏的真实感。

2. 在教育中的应用

如今，虚拟现实技术已经成为促进教育发展的一种新型教育手段。传统的教育只是一味地给学生灌输知识，而现在利用虚拟现实技术可以帮助学生打造生动、逼真的学习环境，使学生通过真实感受来增强记忆，相比于被动性灌输，利用虚拟现实技术来进行自主学习更容易让学生接受，这种方式更容易激发学生的学习兴趣。此外，各大院校利用虚拟现实技术还建立了与学科相关的虚拟实验室来帮助学生更好地学习。

3. 在设计领域的应用

虚拟现实技术在设计领域小有成就，例如，室内设计，人们可以把室内结构、房屋外形通过虚拟现实技术表现出来，使之变成可以看得见的物体和环境。在设计初期，设计师可以将自己的想法通过虚拟现实技术模拟出来，可以在虚拟环境中预先看到室内的实际效果，这样既节省了时间，又降低了成本。

4. 在医学方面的应用

医学专家们利用计算机，在虚拟空间中模拟出人体组织和器官，让学生在其中进行模拟操作，并且能让学生感受到手术刀切入人体肌肉组织、触碰到骨头的感觉，使学生能够更快地掌握手术要领。而且，主刀医生们在手术前，也可以建立一个病人身体的虚拟模型，在虚拟空间中先进行一次手术预演，这样能够大大提高手术的成功率，让更多的病人得以痊愈。

5. 在军事方面的应用

由于虚拟现实的立体感和真实感，在军事方面，人们将地图上的山川地貌、海洋湖泊等数据通过计算机进行编写，利用虚拟现实技术，能将原本平面的地图变成一幅三维立体的地形图，再通过全息技术将其投影出来，这更有助于进行军事演习等训练，提高我国的综合国力。

6. 在航空航天方面的应用

由于航空航天是一项耗资巨大的工程，所以，人们利用虚拟现实技术和计算机的统计模拟，在虚拟空间中重现了现实中的航天飞机与飞行环境，使飞行员在虚拟空间中进行飞行训练和实验操作，极大地降低了实验经费和实验的危险系数。

1.4　虚拟现实技术的发展前景

我国对于虚拟现实技术一直保持着较为重视的态度，早在 20 世纪 70 年代初，在航空航天方向已经开始了研究。20 世纪 90 年代后，一些高校和科研院所的研究人员从不同角度开始对 VR 进行研究。国家"863"计划在 1996 年将"分布式虚拟环境"定为重点项目，实施了 DVENET 计划。

十多年来，我国许多大学和研究院以及其他许多应用部门和单位的科研人员进行了各具背景、各有特色的研究工作，在 VR 理论研究、技术创新、系统开发和应用推广方面都取得明显成绩，我国在这一科技领域进入了发展的新阶段。由于 VR 的学科综合性和不可替代性，其在经济、社会、军事领域有越来越大的应用需求。

本 章 小 结

本章介绍了虚拟现实技术的概念、虚拟现实概念产生的过程、虚拟现实技术的应用领域和未来的发展前景，介绍了整个虚拟现实的发展过程，有利于之后学习虚拟现实技术。

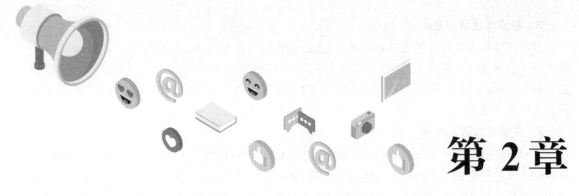

第 2 章
虚拟现实技术的设备

虚拟现实技术基本设备是指与虚拟现实技术领域相关的硬件产品,是虚拟现实解决方案中用到的硬件设备,大致可以分为四类。它们分别是:

① 建模设备(如 3D 扫描仪)。

② 三维视觉显示设备(如 3D 展示系统、大型投影系统、头戴式立体显示器等)。

③ 声音设备(如三维的声音系统以及非传统意义的立体声)。

④ 交互设备(包括位置追踪仪、数据手套、3D 输入设备(三维鼠标)、动作捕捉设备、眼动仪、力反馈设备以及其他交互设备)。

接下来将为大家逐步介绍这几种设备的独特之处。

2.1 Oculus Rift

Oculus Rift(见图 2-1)是一款为电子游戏设计的头戴显示器。Oculus Rift 产品有两个目镜,每个目镜的分辨率为 640×800,双眼的视觉合并之后拥有 1 280×800 的分辨率,这种显示屏拥有低持久特性,它可以有效地降低动态模糊,避免晃动给人们带来的不适感,陀螺仪控制视角是这款游戏产品的一大特色,它可以让游戏的沉浸感大幅提升。

图 2-1 Oculus Rift

Oculus Rift 中组件有一个 VR 头显,头显必须要连接数据线和两个控制器,相对于传统方式,Oculus Rift 采用"内向外追踪"来达到全房间规模的 VR 体验,传统方式里,头显通过位置固定的外置传感器或发射器在三维中定位,"内向外追踪"显然是一个巨大的技术挑战,因为首先让一个运动的物体在空间中定位,还要追踪其他物体的位置和朝向,而且是两个手柄,可见其难度的提升。

但是,Oculus Rift 设计了一个 Oculus Insight 的系统,同时使用了三种追踪手段,首先在头显和控制器都内置了加速计和陀螺仪,这些数据适合用来快速捕捉位置和方向上产生的变化,但这些传感器会随着时间的进程出现偏差,所以需要某种手段来加以锚定。Oculus Rift 的第二种追踪手段来自内置的 5 个摄像头,它们会扫描房间,根据显眼的标志物建立一个三维地图,举个例子:家具的尖角或者地毯上的高对比度图案。这样就防止传感器出现偏差。

还有 Oculus Rift 的手柄,手柄上的红外发射器就要派上用场了,上述中提到的那几个扫描房间的摄像头也同时会以 30 Hz 的频率追踪,以便于内置传感器的异常数据都能迅速得到纠正。最后这套追踪系统也包含 AI 软件,一旦数据看起来不太对劲,AI 会根据经验做出判断,比如说,当一个手柄被衣服挡住。

2.2　HTC Vive

HTC Vive(见图 2-2)是和 Valve 共同开发的一款虚拟现实头盔产品,HTC Vive 产品配件是由一个头戴显示器(又称"头显")、两个单手持控制器、一个能用于空间内同时追踪显示器与控制器的定位系统组成,这三部分可以给使用者提供一个不错的沉浸式体验。在头显上,HTC Vive 开发者采用了一块 OLED 的屏幕,HTC Vive 单眼的有效分辨率为 1 200×1 080,双眼能达到 2 160

图 2-2　HTC Vive

×1 200,这种 2k 分辨率很好地降低了画面的颗粒感,从而使画面更加清晰细腻,就算是近视眼的朋友没有佩戴眼镜也可以看清细节。控制定位系统是不需要借助摄像头的,主要靠激光和光敏传感器来确定运动物体的位置,这样可以让用户在一定范围内走动,给予使用者一个更佳的体验。HTC Vive 采用一个 Display 和一个 USB 3.0 线作为计算机的设备连接口。在佩戴方面,HTC Vive 具有后代旋钮,以及可调节头部支撑,另外 HTC Vive 具有物体可调节瞳距旋钮,也就是说具备物理瞳距调节功能。HTC Vive 通过操控手柄和头戴式设备的精确追踪技术、超逼真画质、立体声音效和触觉反馈系统,在系统中进行组合,可用于高交互性、高流畅度的 VR 游戏体验,在虚拟世界里能够制造出比较真实的体验。

但是由于其对于场景要求较高,需要较大空间,才能拥有较好的效果,因此更加适合拥有较大自由支配空间的玩家使用,而且它有一条长长的线缆,如果要使用追踪系统,还要在房间内安装一些传感器,这也给使用者带来不方便,但总体来说,HTC Vive 的开发环境更完整,潜在购买玩家更加硬核,发展前景更美好。

2.3　PlayStation VR

2015 年 9 月 15 日,在 2015 东京电玩展索尼发布会上,索尼将旗下的 VR 头显正式更名为 PlayStation VR(见图 2-3)。

PlayStation VR 这款虚拟现实头戴式显示器产品配件包括 PlayStation VR 头盔、PlayStation Move 体感手柄、新款 PlayStation Camera、PlayStation VR 视频处理模块、电源线、电源供应模块、USB 连接线、PlayStation VR 视频信号线,以及一个立体声耳机。

PlayStation VR 可以在其 1 920×RGB×1 080 LED 显示屏上以 90 Hz 或 120 Hz 处理 1 080 P 的游戏,具体取决于 VR 游戏或应用

图 2-3　PlayStation VR

程序。对于担心延迟的人们来说，索尼称 PlayStation VR 的响应速率锁定在 18 ms 左右，比注意到 VR 滞后之前的最高可接受延迟快约 0.002 s。PlayStation 提供 100° 的视野、120 Hz 的刷新率和低于 18 ms 的延迟，这将意味着它比具有更少延迟和更慢刷新率的其他虚拟现实设备更少引起佩戴者的不良反应。

PlayStation VR 是一款定位于平民娱乐级的产品，只需 1 920 × 1 080 的分辨率 OLED 屏幕，以亲民的价格体验规范统一的 PS4 平台游戏，而且运行帧率效果是目前 PS4 主机的 2 倍，事实证明，PS4 能够显示令人惊讶的清晰图像，它们可能无法提供最令人惊叹的保真度，但对于绝大多数游戏而言，这已经足够了。

PlayStation VR 有着另一个功能——电影模式，它允许用户在头盔内观看 2D 内容。电影模式不会将 2D 内容转为 3D 内容，但它允许在超大尺寸的屏幕上观看用户喜爱的节目，甚至可以播放 2D PS4 游戏，还可以观看任何 3D 蓝光光盘，因此用户不会缺少观看内容。

2.4 VR 一体机

VR 一体机是具备独立处理器的 VR 头显（虚拟现实头戴式显示设备）。具备了独立运算、输入和输出的功能。功能不如外接式 VR 头显强大，但是没有连线束缚，自由度更高。Pico Neo2 一体机如图 2-4 所示。

图 2-4　Pico Neo2 一体机

移动 VR 一体机是继手机 VR 眼镜、PC VR 头显之后诞生的一种全新的 VR 设备。移动 VR 一体机使用方便，性能强大，可以让用户随时随地享受 VR，深受人们的喜爱。高端的 VR 一体机正在成为新型游戏设备，配备红外发射器，使它能够准确地跟踪头部运动，并配有带传感器的手柄来追踪手部动作，通过结合外置追踪摄像头的感应，就能让眼镜内的游戏人物能随心而动。

VR 一体机对于市场来说，是一种较为新颖、具有优势的产品，由于它拥有完整的 VR 系统，所以更容易被使用者接受，而相比 PC VR 头显，它便于携式，具有价格优势，更适合于普通的游戏爱好者、科技宅和入门级开发者使用。

2.5 VR 手机盒子

VR 手机盒子成本低廉，易于携带，开发应用的流程也是手游开发者所熟悉的。随着智能手机性能的快速提升，移动开发环境非常成熟和活跃，VR 眼镜的成本相对较低，拥有一定价格优势。但是由于并没有独立的操作系统，只是附着于手机操作系统，严格意义上来说，根本无法算是 VR 产品，一般的作用也是看手机视频，通过手柄玩手机上的游戏。PICO1 手机盒子如图 2-5 所示。

图 2-5　PICO1 手机盒子

2.6　微软 Hololens

HoloLens 是微软公司开发的一种 MR 头显,该产品于北京时间 2015 年 1 月 22 日凌晨发布。

HoloLens 使用一流混合显示设备,可更智能地工作,HoloLens 2 提供具有极强沉浸感的舒适混合现实体验,可借助业界领先的解决方案在几分钟内实现价值,这有赖于 Microsoft 云和 AI 服务的可靠性、安全性和可扩展性。在沉浸感上 HoloLens 利用大幅拓宽的视野一次浏览更多全息图。凭借业界领先的分辨率,可更轻松、更舒适地阅读文本并查看 3D 图像上的复杂细节,并且 HoloLens 符合人体工程学,专为拓宽用途而设计的拨入贴合系统,让 HoloLens 2 佩戴起来更长久、更舒适。HoloLens 不影响佩戴眼镜,头戴显示设备可调整到眼镜正前方。需要切换任务时,向上翻转遮阳板即可退出混合现实。在此基础上以真实自然的方式实现全息图的触摸、抓握和移动。使用 Windows Hello,只需使用虹膜信息即可立即安全登录 HoloLens 2。通过智能麦克风和自然语言语音处理,它甚至可以在嘈杂的工业环境中执行语音命令。HoloLens 设备令人舒适的地方在于它的无线缆束缚,支持自由移动,没有线缆或外部配件等障碍物。HoloLens 2 头戴显示设备本质是一台独立的计算机,具有 Wi-Fi 连接,这意味着用户可以随时携带并使用。

微软的 HoloLens 不会像《星际迷航》那样生成每个人都可见的 3D 世界,只有佩戴者能够看见,其他人只会看到用户正佩戴一副眼镜和执行一系列动作。HoloLens 的另一个关键之处在于:微软没有打算为用户呈现一个完全不同的世界,而是将某些计算机生成的效果叠加于现实世界之上。用户仍然可以行走自如,随意与人交谈,全然不必担心撞到墙。

眼镜将会追踪用户的移动和视线,进而生成适当的虚拟对象,通过光线投射到眼中。因为设备知道用户的方位,用户可以通过手势与虚拟 3D 对象交互。

有众多硬件帮助 HoloLens 实现栩栩如生的效果。各种传感器可以追踪用户在室内的移动,然后透过层叠的彩色镜片创建出可以从不同角度交互的对象。想在厨房中央查看一辆虚拟摩托的另一侧?没问题,只要走到相应的一侧即可。

眼镜通过摄像头对室内物体进行观察,因此设备可以得知桌子、椅子和其他对象的方位,然后其可以在这些对象表面甚至里面投射 3D 图像,例如,在桌面投射虚拟炸药,用户可以在引爆之后观察里面的情形。

在《我的世界》游戏中,用手指点击真实世界的咖啡桌,桌子表面立刻就被破坏。从破坏处看下去,里面是充满熔岩的洞穴。

虽然还存在局限,但是微软示范了该技术的潜力,微软 HoloLens 如图 2-6 所示。

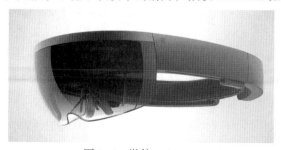

图 2-6　微软 HoloLens

一位受邀观众通过 HoloLens 与一位微软员工进行了视频对话。为了帮助该受邀者对灯光开关重新接线,微软员工画出了草图和箭头,并通过 HoloLens 里面的一个摄像头将这些呈现在受邀者眼前，同时还进一步展示了需要利用哪些工具以及如何使用。

传统的人机交互，主要是通过键盘和触摸，包括并不能被精确识别的语音等。Hololens 的出现，则给新一代体验更好的人机交互指明道路。在《机器人总动员》这部电影中，城市中每个人的面前都有一个可随时通过指令出现的全息屏，可以在上面执行各种任务，不用时马上消失无形。Hololens 所指向的未来，正是这部动画片中的场景。在人机交互之外，还有人与人和人与环境的交互。虚拟现实能让远隔万里的人坐在您面前与您促膝长谈，也能让您游览您从未去过也没可能去的地方，如撒哈拉沙漠、马里亚纳海沟、月球、火星。当前的虚拟现实技术能做到这一点，但还是要戴上连着无数电线的重重的头盔、Hololens 所做的，是把这些虚拟现实设备小型化和便携化，至少是向前更近了一步。

每个产品都有它的优缺点，HoloLens 也不例外。作为第一代，而且还是处于开发者阶段的产品，HoloLens 的表现其实已经相当不错。接下来为大家揭开 HoloLens 的神秘面纱。

2.6.1 MR 技术简析

MR（Mixed Reality，混合现实），与 Google Glass 的 AR（Augmented Reality，增强现实）技术不同的是，HoloLens 运用的 MR 技术具备环境学习能力，能够实现全息影像和真实环境的融合。比如 HoloLens 能把整个银河塞进您的房间里，又或者是让外星人把您家墙壁凿出一个大洞。

与 VR 技术不同，HoloLens 运用的 MR 技术并没有为用户带来沉浸感，其真实感觉完全来自全息影像和真实环境的完美契合，因此说 MR 技术比 AR、VR 技术更高级。

2.6.2 外观及硬件

HoloLens 的设计非常有科技感，通体深灰色的圆环造型给人一种"黑科技"的心理暗示，一小部分红色的点缀使得整体不至于过分沉闷。微软 HoloLens 硬件外观如图 2-7 所示。

在图 2-8 中可以看到，HoloLens 前端是一块塑料材质的弧面有色保护镜，其作用是减少外界环境光对显像的影响，以及保护里面的光导透明全息透镜。

图 2-7 微软 HoloLens 硬件外观

图 2-8 微软 HoloLens 前端图

透过保护镜，我们可以看到 HoloLens 前方搭载了数量众多的摄像头和传感器，它们主要的工作是环境、深度的感知，以及追踪用户的手部和头部动作。微软 HoloLens 的传感器如图 2-9 所示。

通过图 2-10 可以看出 HoloLens 的屏幕投影范围中保护镜后面是 2 片光导透明全息透镜（分别由 RGB 三色透镜组成），透镜斜上方搭载了 2 个 DLP 模块，DLP 模块发射的光通过光导透明全息透镜反射到人的视网膜中，从而形成图像。其成像原理和战斗机上应用的衍射平显技术一样，而目前这项显示技术的视角只有 35°，这也从侧面印证了为什么 HoloLens 的视野这么狭窄。

图 2-9　微软 HoloLens 的传感器和摄像头

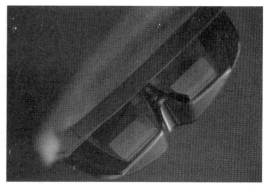

图 2-10　微软 HoloLens 的全息透镜

　　保护镜上方内置了 HoloLens 的计算硬件。在使用过程中这个部分发热明显，不过由于有内层头环做隔断，用户不摸它的话是感觉不到的。微软 HoloLens 的计算硬件如图 2-11 所示。

　　头环两端的红色模块是 3D 扬声器，扬声器上面分别有两组按钮，左边是亮度调节，右边是音量调节。同时按下右边两个音量调节按钮可以截屏，主菜单也有截屏和录屏按钮。但图片和视频只能上传到 Facebook、Twitter、YouTube 和 One Drive，然后下载回本地获取，可惜的是无法通过 USB 获取。扬声器系统、亮度调节和音量调节如图 2-12～图 2-14 所示。

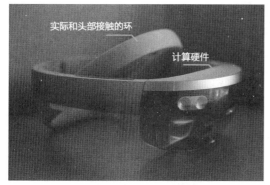

图 2-11　微软 HoloLens 的计算硬件

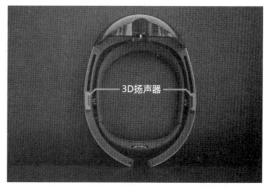

图 2-12　微软 HoloLens 的扬声器系统

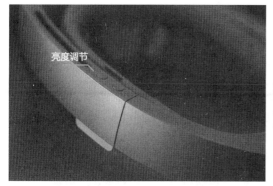

图 2-13　微软 HoloLens 亮度调节

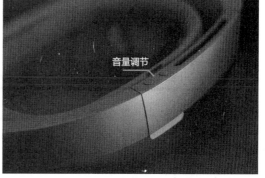

图 2-14　微软 HoloLens 音量调节

　　最后，在外层头环末端有一个 Micro USB 接口、一个 3.5 mm 音频接口、电源键以及电源指

示灯, 目前 USB 接口只限充电, 无法传输数据。电池就在外层头环的末端, 电量能够支撑 HoloLens
高强度使用 3 小时。外部接口如图 2-15 所示。

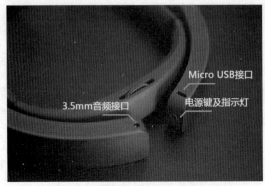

图 2-15　微软 HoloLens 外部接口

2.7　虚拟现实设备 CAVE

　　CAVE（Cave Automatic Virtual Environment, 洞穴状自动虚拟系统）, CAVE 是一种基于投影
的沉浸式虚拟现实设备, 其特点是分辨率高, 沉浸感强, 交互性好。

2.7.1　什么是 CAVE 原理

　　CAVE 沉浸式 VR 设备的原理比较复杂, 它是以计算机图形学为基础, 把高分辨率的立体
投影显示技术、多通道视景同步技术、三维计算机图形技术、音响技术、传感器技术等完美地
融合在一起, 从而产生一个被三维立体投影画面包围的供多人使用的完全沉浸式的虚拟环境。

2.7.2　CAVE 系统说明

　　CAVE 是一种基于投影的系统, 它由围绕观察者的四个投影面组成。四个投影面组成一个立
方体结构, 其中三个墙面采用背投方式, 地面采用正投方式（通常使用反射镜以节省空间）。
　　观察者戴上液晶立体眼镜和一种六个自由度的头部跟踪设备, 以便将观察者的视点位置
实时反馈到计算机系统和体验身临其境的感觉。当观察者在 CAVE 中走动时, 系统自动计算
每个投影面正确的立体透视图像。同时, 观察者手握一种称为 Wand 的传感器, 与虚拟环境
进行交互。

2.7.3　CAVE 系统构成

　　高性能图形工作站、投影设备（主动立体投影机, 如 Christie）、反射镜、投影幕（背投屏幕
和地面投影幕）、立体眼镜、立体发射器（Stereo Emitters）、Wand 三维鼠标器、跟踪系统。

2.7.4　中视典 VR-PLATFORM CAVE 系统

　　CAVE 投影系统是由 3 个面以上（含 3 面）硬质背投影墙组成的高度沉浸的虚拟演示环境,
配合三维跟踪器, 用户可以在被投影墙包围的系统中近距离接触虚拟三维物体, 或者随意漫游"真
实"的虚拟环境。CAVE 系统一般应用于高标准的虚拟现实系统。自纽约大学 1994 年建立第一

套 CAVE 系统以来，　CAVE 已经在全球超过 600 所高校、国家科技中心、各研究机构进行了广泛的应用。

中视典数字科技，专注于虚拟现实、增强现实、3D 互联网领域，是专业的 VR 设备提供商与集成商。CAVE 虚拟现实显示系统，作为中视典数字科技的主打 VR 设备，自推出市场以来，受到了广大用户的普遍欢迎和好评，在业内拥有良好的信誉和口碑。

中视典数字科技 VR-PLATFORM CAVE 系统是一种基于多通道视景同步技术和立体显示技术的房间式投影可视协同环境，该系统可提供一个房间大小的最小三面或最大七十面（2004 年）立方体投影显示空间，供多人参与，所有参与者均完全沉浸在一个被立体投影画面包围的高级虚拟仿真环境中，借助相应虚拟现实交互设备（如数据手套、位置跟踪器等），从而获得一种身临其境的高分辨率三维立体视听影像和六自由度交互感受。由于投影面能够覆盖用户的所有视野，所以 VR-PLATFORM CAVE 系统能提供给使用者一种前所未有的带有震撼性的身临其境的沉浸感受。

2.7.5　中视典 VR-PLATFORM CAVE 系统的构成

中视典 VR-PLATFORM CAVE 系统包括：VR-PLATFORM CAVE 投影系统基座、VR-PLATFORM CAVE 投影屏幕框架、VR-PLATFORM CAVE 立体投影系统背投屏幕、松下 PT-FD605、工业反射镜、VR-PLATFORM CAVE 三维实时立体图形工作站集群、VR-PLATFORM CAVE 图形拼接组件、VRP-Kinect 空间追踪定位系统、专业偏振玻璃镜头、偏振立体眼镜（被动偏光式）、英国 B&W 684 音响、雅马哈调音台、无线麦克：卡乐斯威 U8811、专业立式机柜、专业控制台、VR-PLATFORM CAVE 虚拟现实作业基础平台、VR-PLATFORM CAVE 虚拟现实作业丛集式模块、VR-PLATFORM CAVE 虚拟现实系统集群式同步模块、VR-PLATFORM CAVE 立体投影显示套件、VR-PLATFORM CAVE 虚拟现实硬件外设模块。

2.7.6　中视典 VR-PLATFORM CAVE 系统的应用领域

CAVE 沉浸式虚拟现实显示系统是一种全新的、高级的、完全沉浸式的数据可视化手段，可以应用于任何具有沉浸感需求的虚拟仿真应用领域，如虚拟设计与制造，虚拟装配，模拟训练，虚拟演示，虚拟生物医学工程，地质、矿产、石油，航空航天、科学可视化，军事模拟、指挥、虚拟战场、电子对抗，地形地貌、地理信息系统（GIS），建筑视景与城市规划，地震及消防演练仿真等。

2.7.7　中视典 VR-PLATFORM CAVE 系统的应用举例

① 军事模拟如图 2-16 所示。

图 2-16　军事模拟

② 生物医学如图 2-17 所示。

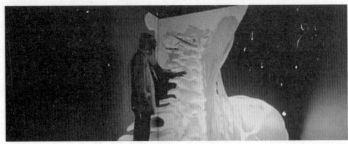

图 2-17　生物医学

③ 虚拟拆卸如图 2-18 所示。

图 2-18　虚拟拆卸

④ 地质地形如图 2-19 所示。

图 2-19　地质地形

2.8　Leap Motion

Leap Motion 是当前市面上较新的且正在进一步研发的一项科技创新。Leap Motion 是体感控制器制造公司 Leap 发布的体感控制器。

2.8.1　Leap Motion 的简介

Leap Motion 是面向 PC 以及 Mac 的体感控制器制造公司 Leap 于 2013 年 2 月 27 日发布的体感控制器，5 月 13 日正式上市，随后于 5 月 19 日在美国零售商百思买独家售卖。

Leap Motion 于 2014 年 8 月 30 日正式登陆中国，中文名为"厉动"，当时在京东的售价为 688元。如图 2-20 所示。

图 2-20　Leap Motion 设备图

2.8.2　Leap Motion 的发展

Leap Motion 体感控制器支持 Windows 7、Windows 8 以及 Mac OS X 10.7 及 10.8，该设备功能类似 Kinect，可以在 PC 及 Mac 上通过手势控制计算机。

该公司为其发布了名为 Airspace 的应用程序商店，其中包括游戏、音乐、教育、艺术等分类。

已经有包括迪士尼、Autodesk、Google 在内的公司均已宣称部分旗下软件游戏支持 Leap Motion，其中包括 Autodesk 的 Maya 插件、Google Earth、Cut the Rope（切绳子），以及其他应用，另外，流行的事件管理器 Clear Mac 版同样支持 Leap Motion 体感动作操控。

2.8.3　Leap Motion 的功能

Leap Motion 控制器不会替代键盘、鼠标、手写笔或触控板，相反，它与它们协同工作。当 Leap Motion 软件运行时，只需将它插入 Mac 或 PC 中，一切即准备就绪。

只需挥动一只手指即可浏览网页、阅读文章、翻看照片、播放音乐。即使不使用任何画笔或笔刷，用的指尖即可以绘画、涂鸦和设计。用您的手指即可切水果、打坏蛋，飙赛车。

用户可以在 3D 空间进行雕刻、浇铸、拉伸、弯曲以及构建 3D 图像，可以把它们拆开和再次拼接。

体验一种全新的学习方式，用双手探索宇宙、触摸星星，还可以围绕太阳翱翔。

一种全新的乐器体验，弹奏空气吉他、空气竖琴和空中的一切乐器，还可以体验全新的采摘和拾起方式。

人与计算机间的开阔空间，现已成为双手和手指的舞台。不论它们的每一次移动多么细微，又或是多么大幅度，Leap Motion 控制器都能精确追踪。从技术上说，这是一个 8 立方英尺的可交互式 3D 空间。

人的手有 29 块骨头、29 个关节、123 根韧带、48 条神经和 30 条动脉。这是一种精密、复杂和令人惊叹的技术。人却能不费吹灰之力轻松掌握。Leap Motion 控制器也几乎完全掌握这一技术。

Leap Motion 控制器可追踪全部 10 只手指，精度高达 1/100 mm。它远比现有的运动控制技术更为精确。这就是用户可以在一英尺宽的立方体中绘制出迷你杰作的原因。

150°超宽幅的空间视场，用户可以像在真实世界一样随意在 3D 的空间移动双手。在 Leap Motion 应用中，用户可以伸手抓住物体，移动它们，甚至可以更改视角。

Leap Motion 控制器以超过每秒 200 帧的速度追踪手部移动，这就是屏幕上的动作与用户的每次移动完美同步的原因。Leap Motion 操作图如图 2-21 所示。

图 2-21　Leap Motion 操作图

2.8.4　Leap Motion 的特点

　　Leap Motion 的手部跟踪软件可以捕捉所有微妙和复杂的自然手部动作。它基于十年的开发和迭代，三代人工智能研究以及成千上万开发人员的反馈。快速、强大、准确，几乎可以在任何计算机上运行。它从一个简单的传感器开始检测用户的手。Leap Motion 硬件没有秘密。Ultraleap 的 Leap Motion 控制器使用两个图像传感器以及红外 LED。虽然 Leap Motion 使用简单，但功能强大且快速。LED 用红外灯照亮用户的手、用户看不到它，但是 Leap Motion 的传感器可以看到。LED 每秒脉冲超过 100 次，每次脉冲不到千分之一秒，传感器会将数据发送回计算机以跟踪用户的手。

　　Leap Motion 真正的魔力之处在于骨骼追踪，软件使用图像来生成手部运动的虚拟模型。不仅为手掌或指尖建模，还为手部关节和骨骼建模。这意味着 Leap Motion 可以准确地猜测手指或拇指的位置，即使它们不可见。

　　Leap Motion 的魔力之处还在于它们的互动引擎，手部动作的虚拟模型被输入到 Ultraleap 交互引擎中。交引擎提供了统一的物理交互范例。抓，挥，推，它们变得像在现实世界中一样毫不费力。Leap Motion 骨骼追踪如图 2-22 所示。

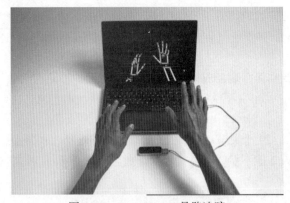

图 2-22　Leap Motion 骨骼追踪

本　章　小　结

　　本章中的这些软件之间可以相互结合，完成虚拟现实项目的各种制作要求，如数字城市，虚拟旅游，游戏制作，工业仿真，虚拟会展，虚拟现实三维操作系统等。

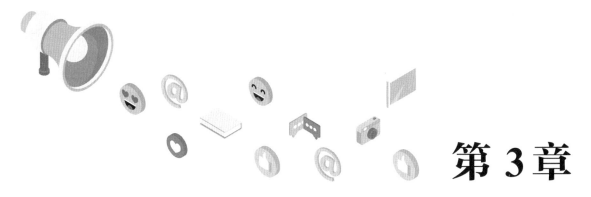

第 3 章
虚拟现实开发工具综述

根据目前的主流状况来看，主流游戏引擎由于其功能之强大，被用于诸多 VR 产品的开发。另外一点值得一提的是，并非所有的 VR 产品或解决方案都需要依赖外设。以展示与简单交互为主要内容的 VR 产品，在不涉及复杂的行业相关精准计算的条件下，会首选 3D 引擎配合计算机来完成。现在一起了解一些虚拟现实开发工具吧！

3.1 Multigen VEGA

Multigen VEGA 是 MultiGen–Paradigm 公司最主要的工业软件环境，用于实时视觉模拟、虚拟现实和普通视觉应用。Vega 将先进的模拟功能和易用工具相结合，对于复杂的应用，能够提供便捷的创建、编辑和驱动工具。

Vega 能显著地提高工作效率，同时大幅度减少源代码开发时间。

Paradigm 还提供和 Vega 紧密结合的特殊应用模块，这些模块使 Vega 很容易满足特殊模拟要求，例如，航海、红外线、雷达、高级照明系统、动画人物、大面积地形数据库管理、CAD 数据输入和 DIS 分布应用等。

Vega 对于程序员和非程序员都是称心如意的。LynX，一种基于 X/Motif 技术的点击式图形环境，使用 LynX 可以快速、容易、显著地改变应用性能、视频通道、多 CPU 分配、视点、观察者、特殊效果、一天中不同的时间、系统配置、模型、数据库及其他，而不用编写源代码。

LynX 可以扩展成包括新的、用户定义的面板和功能，快速地满足用户的特殊要求。事实上，LynX 是强有力的和通用的，能在极短时间内开发出完整的实时应用。用 LynX 的动态预览功能，您可以立刻看到操作的变化结果。LynX 的界面包括您应用开发所需的全部功能。

Vega 还包括完整的 C 语言应用程序接口，为软件开发人员提供最大限度的软件控制和灵活性。

实时应用软件开发人员更喜欢 Vega，因为 Vega 提供了稳定、兼容、易用的界面，使他们的开发、支持和维护工作更快和高效。Vega 可以使开发者集中精力解决特殊领域的问题，而减少在图形编程上花费的时间。

系统集成者更喜欢 Vega，因为 Vega 帮他们处理重要的开发规划，在预算内完成预定的功能效果；因为 Vega 的应用是内部清楚、紧密、高效的，所以维护和支持将会更好。LynX 界面使用户能对交付的系统重新配置，它的实时交互性能为开发系统提供更经济的解决方案。

Vega 支持多种数据调入，允许多种不同数据格式综合显示，Vega 还提供高效的 CAD 数据转换。现在开发人员、工程师、设计师和规划者可以用最新的实时模拟技术将他们的设计综合起来。

Vega 开发产品有两种主要的配置：VEGA-MP（Multi-Process）为多处理器硬件配置提供重要的开发和实时环境。通过有效地利用多处理器环境，Vega-MP 在多个处理器上逻辑地分配视觉系统作业，以达到最佳性能。Vega 也允许用户将图像和处理作业指定到工作站的特定处理器上，定制系统配制来达到全部需要的性能指标。VEGA-SP（Single-Process）是 Paradigm 特别推出的高性能价格比的产品，用于单处理器计算机，具备所有 Vega 的功能，而且和所有的 Paradigm 附加模块相兼容。

Vega 及其相关模块支持 UNIX 和 Windows NT/2000 平台。用 Vega 写的应用跨平台使用的兼容率高达 99%，支持 Open Flight、3D Studio 和 VRML 2.0 等数据库格式。

3.2　Quest3D

Quest3D 是一个容易且有效的实时 3D 建构工具。比起其他的可视化建构工具，如网页、动画、图形编辑工具来说，Quest3D 能在实时编辑环境中与对象互动。Quest3D 提供一个建构实时 3D 的标准方案，如图 3-1 所示。

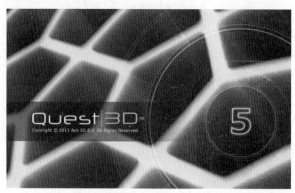

图 3-1　Quest3D

Quest3D 通过稳定、先进的工作流程，处理所有数字内容的 2D/3D 图形、声音、网络、数据库、互动逻辑及 A.I，完全是梦想中的设计软件巨擘。

使用 Quest3D，用户可以不用在程序上花工夫，建构出属于自己的实时 3D 互动世界。在 Quest3D 里，所有的编辑器都是可视化、图形化的。真正所见即所得，实时让用户见到作品完成后执行的样子。用户将更专注于美工与互动，而不用担心程序错误及 Debug。过去需要几天才能完成的项目，现在只需要几小时。

Quest3D 由 Act-3D 公司开发，是其头号图形产品，其特点是：

① 拥有一款强大的编辑器，几乎可以不用手写代码，就能创建出图形应用程序。

② 高超的性能。相比同类产品，Quest3D 的性能是最高的。

③ 强大而漂亮的图形效果。通过 Quest3D 编辑器简单编辑便能展示出来令人惊叹的高质量

的图形效果。

④ 拥有真实的物理引擎，仿真物理模型。

⑤ 人工智能，数据库操作等附加功能。

⑥ 支持力反馈的设备。

⑦ 强大的网络模块支撑。

⑧ 漂亮的粒子特效系统。

Quest3D 2.1 基于 DirectX 8.1 制作，算是将 DirectX 8.1 的所有性能都发挥得淋漓尽致了。

整套企业版引擎分为三大块：编辑器、浏览器和 SDK。其中，编辑器用于编辑一体化数据，几乎应用程序就完全可以制作出来，而不需要再编写代码。浏览器用于脱开编辑器浏览编辑器所编辑的文件。而 SDK 则可以用于建立 Native 应用程序。

Quest3D 最大的特点，可能就属其独创的"Channel（管线）"这一技术了。通过 Channel，可以轻松地实现任何效果以及接口。Channel 的基本含义是：一头为 Input Spin，另一头为 Output Spin 的独立的动态可装卸对象。

Quest3D 支持的导入文件格式也很多，如 .X、.3DS（for 3DSMAX）、.LWO（LightWave 5.x object）、.MOT（LightWave 5.x motion）、.LS（Lightscape）等，另有如 MP3、WAV、TGA、JPG 等常用格式，基本满足所有的日常应用。使用 Quest3D 就能轻松地创建出强大而且绚丽的图形应用程序。

3.3　Virtual Reality Platform

虚拟现实平台（Virtual Reality Platform，VR–Platform 或 VRP），是一款由中视典数字科技有限公司独立开发、具有完全自主知识产权、直接面向三维美工的一款虚拟现实软件，如图 3–2 所示。

图 3–2　Virtual Reality Platform 界面

虚拟现实平台适用性强、操作简单、功能强大、高度可视化、所见即所得。所有的操作都是以美工可以理解的方式进行，不需要程序员参与。如果需操作者有良好的 3ds Max 建模和渲染基础，只要对 VR-PLATFORM 平台稍加学习和研究就可以很快制作出自己的虚拟现实场景。

虚拟现实平台，包含九大子产品：VRP-BUILDER 虚拟现实编辑器、VRPIE3D 互联网平台（又称 VRPIE）、VRP-PHYSICS 物理模拟系统、VRP-DIGICITY 数字城市平台、VRP-INDUSIM 工业仿真平台、VRP-TRAVEL 虚拟旅游平台、VRP-MUSEUM 虚拟展馆、VRP-SDK 系统开发包、VRP-MYSTORY 故事编辑器。

虚拟现实平台，包括五大高级模块：VRP-多通道环幕模块、VRP-立体投影模块、VRP-多PC 级联网络计算模块、VRP-游戏外设模块、VRP-多媒体插件模块等。

VRP 可广泛地应用于城市规划、室内设计、工业仿真、古迹复原、桥梁道路设计、房地产销售、旅游教学、水利电力、地质灾害等众多领域，为其提供切实可行的解决方案。

3.4 Unity3D

Unity3D，又名 Unity、U3D，是由 Unity Technologies 开发的一个具有三维视频游戏、建筑可视化、实时三维动画等类型互动内容的多平台的综合型游戏开发工具，是一个全面整合的专业游戏引擎，如图 3-3 所示。本书讲解的开发内容都是基于 Unity3D。

图 3-3　Unity3D

其编辑器可运行在 Windows、Linux（目前仅支持 Ubuntu 和 Centos 发行版）、Mac OS X 下，可发布游戏至 Windows、Mac、Wii、iPhone、WebGL（需要 HTML5）、Windows 和 Android 平台。也可以利用 Unity web player 插件发布网页游戏，支持 Mac 和 Windows 的网页浏览。它的网页播放器也被 Mac 所支持。

对于游戏开发团队来说，游戏引擎对于一个游戏来说是至关重要的。接下来回顾 Unity3D 的发展历程：

2004 年：Unity 诞生在丹麦的阿姆特丹。

2005 年：Unity 在旧金山设立了自己的总部，并且在此时发布了 Unity 1.0 版本（应用于 Web 项目和 VR 开发）。

2008 年：Unity 引擎在 Windows 平台开发，并且支持 IOS 和 WII。

2009 年：Unity 注册用户高达 3.5 万，它在众多游戏引擎中脱颖而出。

2010 年：Unity 可以应用在 Android 平台。

2011 年：Unity 可以支持 PS3 和 XBOX360。

Unity3D 开发引擎的产品特点：

① 支持多种格式导入：整合多种 DCC 文件格式，包含 3ds Max、Maya、Lightwave、Collade 等文档，可直接拖拽到 Unity 中，除原有内容外，还包含 Mesh、多 UVs、Vertex、Colors、骨骼动画等功能，提升游戏制作的资源应用。

② AAA 级图像渲染引擎：Unity 渲染底层支持 DirectX 和 OpenGL。内置的 100 组 Shader 系统，结合了简单易用、灵活、高效等特点，开发者也可以使用 ShaderLab 建立自己的 Shader。先进的遮挡剔除（Occlusion Culling）技术以及细节层级显示技术（LOD），可支持大型游戏所需的运行性能。

③ 高性能的灯光照明系统：Unity 为开发者提供高性能的灯光系统，动态实时阴影、HDR 技术、光羽&镜头特效等。多线程渲染管道技术将渲染速度大大提升，并提供先进的全局照明技术（GI），可自动进行场景光线计算，获得逼真细腻的图像效果。

④ NVIDIA 专业的物理引擎：Unity 支持 NVIDIA PhysX 物理引擎，可模拟包含刚体&柔体、关节物理、车辆物理等。

⑤ 高效率的路径寻找与人群仿真系统：Unity 可快速烘焙三维场景导航模型（Nav Mesh），用来标定导航空间的分界线。目前在 Unity 的编辑器中即可直接进行烘焙，设定完成后即可大幅提高路径找寻（Path-finding）及人群仿真（Crowd Simulation）的效率。

⑥ 友善的专业开发工具：包括 GPU 事件探查器、可插入的社交 API 应用接口，以实现社交游戏的开发；专业级音频处理 API，为创建丰富通真的音效效果提供混音接口。引擎脚本编辑支持 Java、C#、Boo 三种脚本语言，可快速上手并自由创造丰富多彩、功能强大的交互内容。

⑦ 逼真的粒子系统：Unity 开发的游戏可以达到难以置信的运行速度，在良好硬件设备下，每秒可以运算数百万面以上的多边形。高质量的粒子系统，内置的 Shuriken 粒子系统可以控制粒子颜色、大小及粒子运动轨迹，可以快速创建火焰、灰尘、爆炸、烟花等效果。

⑧ 强大的地形编辑器：开发者可以在场景中快速创建数以千计的树木、百万的地表岩层，以及数十亿的青青草地。开发者只需完成 75%左右的地貌场景，引擎可自动填充优化完成其余的部分。

⑨ 智能界面设计，细节凸显专业：Unity 以创新的可视化模式让用户轻松建构互动体验，提供直观的图形化程序接口，开发者可以玩游戏的形式开发游戏，当游戏运行时，可以实时修改数值、资源甚至是程序，高效率开发，拖拽即可。

⑩ 市场空间：iOS、Android、Wii、Xbox360、PS3 多平台的游戏发布。仅需购买 iOS Pro 或 Android Pro 发布模块就可以在 iPhone 或 Android 系统等移动终端上创建任何酷炫的二维三维、多点触控、体感游戏，随后可将游戏免费发布到自己的移动设备上测试运行，增添修改的方便性。

⑪ 单机及在线游戏发布：Unity3D 支持从单机游戏到大型联网游戏的开发，结合 Legion 开发包和 Photon 服务器的完美解决方案，即可轻松创建 MMO 大型多人网络游戏。而且在开发过程中，Unity3D 提供本地客户 *Native Client* 的发布形式，使得开发者可以直接在本地机器进行测试修改，帮助开发团队编写更强大的多人连线应用。

⑫ Team License 协同开发系统：Team License 可以安装在任何 Unity 里，新增的界面可以方便用户进行团队协同开发。避免不同人员重复不停地传送同样版本的资源至服务器，维持共用资源的稳定与快速反应其中的变化，过长的反应更新时间将会影响团队协同开发的正确性与效率。

⑬ 可视化脚本语言 u：具有高度的友好界面、整合性高、功能强大、修改容易等特点。开发者只需将集成的功能模块用连线的方式，通过逻辑关系将模块连接，即可快速创建所需脚本功

能，非常适合非编程人员与项目制作使用。

⑭ Substance 高写真动态材质模块：Substance 是一个功能强大的工具，通过任何的普通位图图像，直接生成高品质的次时代游戏设计专用材质（法线图，高度图，反射贴图等），为 DCC 工具或游戏引擎（如 Unity3D）提供高级的渲染效果。

在 Unity3D 这么强大的技术支持下，VR 虚拟现实的效果是可以轻而易举实现的，其中人机交互技术是密不可分的组成部分，人机交互技术主要研究方向有两个，分别是：人如何命令系统；系统如何向用户提供信息。众所周知，人在使用计算机方面的感受（即人机交互部分的友好度）直接影响到人对系统的接受程度，而这两个方面直接决定了人机交互部分的友好度，这是 Unity3D 与 VR 虚拟现实之间的主要关联。

虚拟现实在各个行业和领域应用得越来越广泛，而同时也暴露出了一些不可忽视的问题，如对现实世界的隔离，与人类感知外部世界的方式有冲突等。这些问题，都需要 Unity3D 开发引擎进行调整和研发，Unity3D 开发引擎将计算机生成的虚拟物体或关于真实物体的非几何信息叠加到真实世界的场景之上，实现了对真实世界的增强，同时，由于与真实世界的联系并未被切断，交互方式也就显得更加自然，这就是两者之间亲密结合的成果，也是目前最热门的 VR 虚拟现实受大家喜欢的根本所在。Unity 独立游戏案例如下：

1.《超级巴基球》

《超级巴基球》（见图 3-4）是一款 3V3 多人休闲球类竞技游戏，背景设定在未来充满赛博朋克风格的世界中。游戏基于真实物理碰撞，在这里，玩家将挑选一位喜欢的英雄，三人一队进行对抗比赛，传球抢球，射门得分。《超级巴基球》获得了 Indie Prize Asia 2019（亚洲独立游戏奖）年度最佳多人游戏奖，并于 2020 年 4 月在 Steam 与 Wegame 平台上正式开启公开开发版本测试。游戏于 2020 年初在 PC 平台上线抢先体验版本（Early Access），并于 2020 年底在 PC、PlayStation、Xbox 与 Nintendo Switch 上推出完整版。

图 3-4 《超级巴基球》

2.《江南百景图》

《江南百景图》（见图 3-5）主打融入传统文化的模拟经营类玩法，玩家将回到明朝江南地区，成为城市的设计师，描绘蓝图、兴造建筑、规划布局，经营赚钱。同时安排居民起居工作，写意世间百态，或者带领大家奇遇探险……重绘明朝江南盛景，打造专属于你的江南百景图。

图 3-5 《江南百景图》

3.《魂武者》

《魂武者》是一款美漫画风、科幻题材的 3D 格斗网游。极致的战斗效果,丰富的战斗模式,独具个性的英雄,重新定义手机格斗游戏。在游戏操作上,《魂武者》采用经典的十字摇杆和虚拟按键,在移动设备上再现传统街机搓招体验,随时随地来一场畅快淋漓的格斗对决。还有丰富玩法和海量英雄。

《魂武者》由成都余香科技股份有限公司创作,该公司于 2013 年在成都成立,公司聚焦"长线多品类、全球化、研运一体"的发展战略,已推出了《战江湖》《潮爆三国》《魂武者》《铁血文明》等数款游戏,如图 3-6 所示。

图 3-6 《魂武者》

自 2020 年 7 月 28 日起,Unity 本年度首个 TECH stream 版本正式上线。Unity 2020.1 包括一系列新功能和新改进,让引擎的工作流更为直白易懂,创作生产力更高。

在编程方面,着重改善了可用性和稳定性;工具集新的改进包括更高效的使用、更多样的自定义方式和更少的流程中断;GPU 与 CPU Lightmapper 采样的改善,光照贴图总体操作更为简单,新增 Lightmapped Cookie 功能;在增强现实(AR)方面,AR Foundation 目前已正式支持通用渲染管线,而 ARKit、ARCore、Magic Leap 和 HoloLens 的功能支持也经过了改善。

在 Project Settings 中,新的流线化 UI 可极大减少在项目中启用 AR 和虚拟现实(VR)的时间。Unity 2020.1 的编辑器还添加了高动态范围(HDR)显示器的支持,方便有条件的开发者直接编辑 HDR 内容,无须再为目标设备构建版本来查看结果,如图 3-7 所示。

图 3-7　Unity 2020.1 版本

3.5　Unreal Engine 4

　　虚幻引擎 4（Unreal Engine 4，UE4）是一款极为出色和流行的 3D 游戏引擎和开发工具，UE4 是由 Epic 公司开发的一款游戏开发引擎，之前的版本是虚幻 3。而虚幻 4 比之前版本有了很大的改进，使之成为一款风靡全球的游戏开发引擎。虚幻引擎是一套完整的构建游戏、模拟和可视化的集成工具，能够满足艺术家的野心和愿景，同时也具备足够的灵活性，可满足不同规模的开发团队需求。Epic 已经使用自己研发的虚幻引擎制作出了众多备受赞誉的内容，并由此开发出了强大的工具和高效的制作流程，现在面世的越来越多的大作都选择了虚幻 4。虚幻 4 是完整的产品套件，从制作到发行流程全覆盖，无须额外的插件或进行额外的购买，如图 3-8 所示。

图 3-8　Unreal Engine 4

　　虚幻引擎提供了 Windows 与 Mac 平台的开发工具下载，其制作的作品可以在 Windows、Mac、Linux 以及 PS4、X-Box One、iOS、Android 甚至是 HTML5 等平台上运行。

　　虚幻的编辑器是一个以"所见即所得"为设计理念的操作工具，它可以很好地弥补一些在 3D Studio Max 和 Maya 中无法实现的不足，并很好地运用到游戏开发里去。在可视化的编辑窗口中游戏开发人员可以直接对游戏中角色、NPC、物品道具、AI 的路点及光源进行自由的摆放和属性的控制，并且全部是实时渲染的，并且这种实时渲染还有动态的光影效果。

　　还有完整的数据属性编辑功能，可以让关卡设计人员自由地对游戏中的物件进行设置或是由程序人员通过脚本编写的形式直接进行优化设置。

　　实时的地图编辑工具可以让游戏的美术开发人员自由地对地形进行升降的高度调节，或是通过带有 Alpha 通道的笔刷直接对地图层进行融合和修饰，并可以在地图编辑中直接生成碰撞数据和位移贴图。

　　图形化的材质编辑工具。开发人员可以对材质中的色彩、Alpha 通道及贴图坐标进行自由调解，并由程序人员来定义所需要的材质内容。虚幻的材质编辑器，采用的是和 Maya、Darktree 一样的"材质节点编辑"方式，操作的时候，无论是拖拽或是关联线的操作都十分方便，而美术制作人员则可以在材质编辑工具中利用多个简单的材质类型融合出一个复杂漂亮的高级材质类型，并可以实时地参照场景中的灯光影响。

编辑器的资源管理器功能也非常强大，可以进行快速准确的查找,观看并对游戏开发中的各种资源进行整理组织。

虚幻编辑器还为美术制作人员提供了完整的模型、骨骼和动画数据导出工具,并将它们连同编辑游戏事件所需要的声音文件、剧情脚本进行统一的编辑。

在编辑器中还为开发人员提供了一个"游戏测试"的按钮，只要单击后就可以对编辑好的游戏内容进行测试。这样的话，可以一边在测试窗口中观看游戏画面，一边在另一个窗口中进行实时的调整和修改，十分方便。为那些使用 3ds Max 和 Maya 进行制作的美术人员，提供了完善的导入/导出插件。可以把模型导入虚幻引擎当中，包括模型的拓扑、贴图坐标、光滑。

在虚幻的引擎中为了游戏开发的程序员们能够更好地进行编写，提供了 3 个非常具体的编写实例和百分之百开放的源代码、编辑器、Max/Maya 的输出插件，以及一些公司内部开发游戏所使用的游戏代码。

虚幻的游戏播放脚本语言还提供了许多自动化的原数据供游戏开发人员参考和使用。引擎不仅可以兼容多种文件格式，还允许游戏的关卡、任务编辑人员在编辑器中直接查看游戏脚本的内容、属性并直接进行修改。

虚幻 4 的功能特点如下：

① 实时逼真渲染：基于物理的渲染、高级动态阴影选项、屏幕空间反射和光照通道等强大功能将帮助用户灵活而高效地制作出令人赞叹的内容，可以轻松获得好莱坞级别的视觉效果。

② 可视化脚本开发：游戏逻辑的开发提供了独创的蓝图方式和 C++代码方式，其中蓝图是一种比较简单易用但又功能强大的可视化脚本开发方式。

③ 专业动画与过场：动画方面提供了由影视行业专家设计的一款完整的非线性、实时动画工具（Sequencer），包括了动态剪辑、动画运镜以及实时游戏录制。

④ 健壮的游戏框架：提供了包含游戏规则、玩家输出与控制、相机和用户界面等核心系统的 GamePlay 框架，同时内置了各种类型的游戏模板和多人游戏模板等。

⑤ 灵活的材质编辑器：提供了基于节点的图形化编辑着色器的功能。

⑥ 先进的人工智能：提供了行为树、场景查询系统等 AI 相关的先进工具。

⑦ 源代码开源：可以通过源代码更深入的学习或解决问题。

3.6　白　鹭　引　擎

Egret Engine（白鹭引擎）是白鹭时代推出的一款使用 TypeScript 语言构建的开源免费移动游戏引擎，包含渲染、声音、用户交互、资源管理等诸多功能，解决了 HTML5 性能、碎片化问题，应用于 2D 游戏、3D 游戏开发及移动端交互式应用构建，拥有完善的跨平台运行能力。通过白鹭引擎,开发者可以快速地创建可以运行在手机 App 的 WebView 或者浏览器中的 HTML5 移动游戏，也可以编译输出基于 Android、iOS、Windows Phone 的跨平台原生移动游戏。应用 Egret 引擎开发 HTML5 移动游戏，不但能让 H5 游戏具备优良的性能表现，并且效率很高，如图 3-9 所示。

图 3-9　Egret Engine

　　原生游戏发布为客户提供基于白鹭引擎开发的原生游戏优化与打包支持服务,帮助企业用户提高原生游戏性能、快速上架应用商店。

　　2D 小游戏性能优化为客户提供基于白鹭引擎开发的 2D 小游戏项目结构梳理、诊断及项目优化服务,帮助企业用户提高 2D 游戏的加载效率、运行效率。3D 小游戏开发支持专业解决 3D 小游戏开发过程中的各类难点,帮助企业快速完成核心玩法搭建、优化游戏性能。

　　Egret Pro(见图 3-10)一站式 HTML5 游戏开发工具。Egret Pro 的理念是将游戏设计师(而不是游戏程序开发人员)作为游戏开发过程的核心。通过组件实体系统的架构与数据驱动开发的设计思想,Egret Pro 被设计成一款可视化的开发工具,这使得游戏开发这一过程从游戏研发直接从开发转移到了游戏设计师直接可视化配置,通过这种方式,游戏开发效率得到了很大的提升。

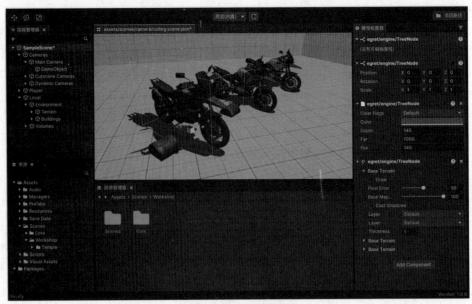

图 3-10　Egret Pro 界面

　　DragonBones(见图 3-11)骨骼动画解决方案。DragonBones 是一款开源免费的移动游戏骨骼动画解决方案，主要用于创作 2D 游戏动画和富媒体内容，帮助设计师用更少的美术成本创造更生动的动画效果。支持多语言，一次制作，全平台发布。

图 3-11　DragonBones

Egret UI Editor（见图 3-12）可视化界面编辑器。Egret UI Editor 是一个开源的 2D 游戏开发代码编辑器，是 Egret Wing 的升级版本，通过 EUI Editor 编辑界面和 VSCode 开发程序的工作流方式完成游戏项目开发。

图 3-12　Egret UI Editor

3.7　LayaBox

LayaBox 是 2000 年可乐吧创始人谢成鸿倾力打造的 HTML5 游戏引擎品牌，旗下产品为 PC 页游、APP 手游、HTML5 游戏提供了三端融合的技术解决方案。为手机游戏市场提供了 HTML5 与 APP 体验相同、数据互通的全新游戏模式，为 APP 游戏提供了全新的 HTML5 试玩推广营销模式。LayaBox 核心产品包括：全能型游戏引擎（LayaAir）、集成开发环境（LayaAir IDE）、H5 游戏的原生服务（LayaNative）、发行对接服务（LayaOpen）、游戏商城服务（LayaStore）。

LayaBox（见图 3-13）也是中国领先的游戏引擎提供商和综合服务商，旗下第二代引擎 LayaAir 是基于 HTML5 协议的全能型开源引擎。LayaAir 突破性地将 2D、3D、AR、VR 和页游、Native 手游、HTML5 游戏等诸多需求通过一个引擎得以完美统一。目前引擎已被腾讯、Forgame、37 游戏、仙海网络、胡莱游戏、蝴蝶互动等 200 多家游戏厂商采用。另外，LayaBox 还以一键对接 SDK、项目投资、游戏代理等方式，为研发商提供游戏发行服务。

图 3-13　LayaBox

3.7.1　核心产品介绍

1. LayaAir

LayaAir 是支持多种语言（ActionScript3、TypeScript、JavaScript）开发的 HTML5 引擎，具备极强（同时支持 2D/3D/VR/AR、支持 UI 库、缓动动画、序列帧动画、骨骼动画、顶点动画、粒子系统、网络、物理系统等）、极快（性能媲美 APP）、极广（可应用于：小型游戏、大型游戏、广告、教育、营销、APP 等行业），编辑器强大等特性，支持一次开发同时发布 APP、HTML5、Flash 三个版本的全能型游戏引擎，如图 3-14 所示。

图 3-14　LayaAir

2. LayaAir IDE

LayaAir IDE 是 LayaAir 引擎的集成开发环境，HTML5 游戏开发的高效可视化工具，主要包括代码编辑器、UI 编辑器、粒子编辑器、动画编辑器、场景编辑器、资源转换器（支持 Spine 与 DragonBones 骨骼动画、swf 动画、Unity3D 资源等），如图 3-15 所示。

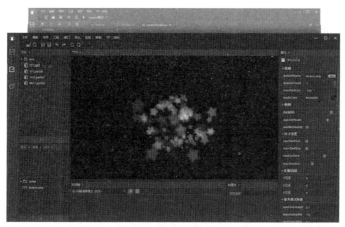

图 3-15　LayaAir IDE

3. LayaNative

LayaNative 包括了 HTML5 运行器（Runtime）、安卓打包工具、IOS 打包工具、安卓 APP 渠道一键打包对接工具等原生打包相关的产品。

LayaOpen 以开放平台为核心，涵盖 HTML5 游戏代理发行、联运合作、渠道、市场、产品优化服务、HTML5 渠道一键对接，游戏测试与上架，数据统计与结算等游戏发行相关的服务，如图 3-16 所示。

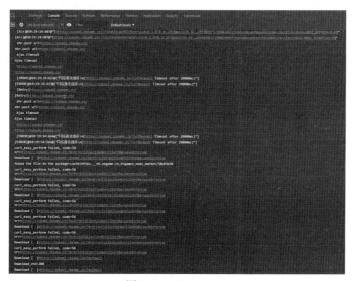

图 3-16　LayaNative

4. LayaStore

LayaStore 是 HTML5 游戏运营平台，包括嵌入式 HTML5 游戏商城、HTML5 自有流量商城。目前 LayaBox 已合作对接了近 800 家主流渠道，包括腾讯 QQ 浏览器、腾讯玩吧、微信公众号等渠道。

3.7.2　案例代表

《无尽骑士 3D》（见图 3-17）采用 LayaAir 游戏引擎开发的一款简单而又耐玩的放置类、3D 地下城冒险类 HTML5 ARPG 游戏，暗黑风格，画质逼真。

图 3-17 《无尽骑士 3D》

《QQ 花藤》（见图 3-18）是以 QQ 空间中页游《花藤》为游戏 IP，由游戏《胡莱三国》的研发团队采用 LayaAir 引擎打造的社交类大型休闲游戏。

图 3-18 《QQ 花藤》

《QQ 农场》（见图 3-19）是 LayaBox 与 QQ 空间联合研发的腾讯 IP HTML5 游戏产品，于 2009 年 5 月在中国发行。游戏以农场为背景，玩家扮演一个农场的经营者，完成从购买种子到耕种、浇水、施肥、除草、收获果实再到出售给市场的整个过程。游戏趣味性地模拟了作物的成长过程，玩家在经营农场的同时，也可以感受"作物养成"带来的乐趣。

图 3-19 《QQ 农场》

本 章 小 结

本章中这些软件之间可以相互结合完成虚拟现实项目的各种制作要求，如数字城市、虚拟旅游、游戏制作、工业仿真、虚拟会展、虚拟现实三维操作系统等。

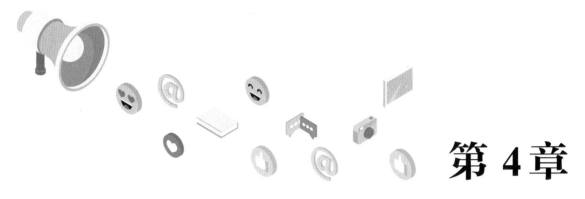

第 4 章
虚拟现实的开发语言

在进行虚拟现实开发时，我们首先要选择开发语言，前文中对于虚拟现实开发工具进行了介绍，而每种不同的开发工具所使用的语言也不尽相同。选择哪种工具选择哪种语言，是我们做虚拟现实开发首先面临的选择。

4.1 虚拟现实的开发语言种类

虚拟现实中语言种类有很多种，在本文中选择 C#作为开发语言。

4.1.1 为什么是 C#

为什么要选择 C#作为开发语言，其实原因很简单，因为制作虚拟现实内容应用的软件是 Unity3D，Unity3D 支持的三种开发语言，分别是 C#、JavaScript、Boo，在国内应用最广的就是 C#。

4.1.2 什么是 C#

C#是微软公司发布的一种由 C 和 C++衍生出来的面向对象的编程语言，运行于.NET Framework 和.NET Core（完全开源，跨平台）之上的高级程序设计语言。

C#是由 C 和 C++衍生出来的一种安全的、稳定的、简单的、优雅的面向对象编程语言。它在继承 C 和 C++强大功能的同时去掉了一些它们的复杂特性。C#综合了 Visual Basic 简单的可视化操作和 C++的高运行效率，以其强大的操作能力、优雅的语法风格、创新的语言特性和便捷的面向组件编程的支持成为.NET 开发的首选语言。

C#是面向对象的编程语言。它使得程序员可以快速地编写各种基于 MICROSOFT .NET 平台的应用程序，MICROSOFT .NET 提供了一系列的工具和服务来最大程度地开发利用计算与通信领域。

C#使得 C++程序员可以高效地开发程序，且因可调用由 C/C++编写的本机原生函数，而绝不损失 C/C++原有的强大的功能。因为这种继承关系，C#与 C/C++具有极大的相似性，熟悉类似语言的开发者可以很快地转向 C#。

4.1.3 怎么学 C#

学习 C#语言也要掌握规律方法，首先在程序上就要换一种思维来思考，不要把程序认为是复杂的代码，程序语言也是语言，和日常的汉语、英语是一样的，只不过和我们对话的是计算机而已。那么我们要学习就是怎么和计算机交流，给计算机下达指令。在学习的过程中先尝试着了解语法结构，总结它的规律，理解它所表述的意思，然后再根据理解的语法结构编写代码，再通过逐步的练习强化自己的理解，其实也就是先理解再练习、多思考、勤动手的过程。编程语言是一个非常自主化、非常灵活的内容，切忌死记硬背，生搬硬套，要善于归纳总结，找出规律。另外要养成重复练习的习惯，因为在重做的过程中会发现之前自己编写的代码不合理的地方。重做的过程中尽可能利用新学到的知识，不断地完善自己的项目，磨炼自己的思维。

4.1.4 编程工具 Visual Studio

Visual Studio 简称 VS，是微软为了配合.NET 推出的一款免费开发工具，用户只要注册一个微软的账号即可使用，否则会有 30 天的试用期限。VS 的下载和安装会在之后 Unity 的安装章节中讲解，新版本的 Unity 在安装的同时会询问用户是否安装 VS，同学们可以在安装 Unity 的同时将 VS 一起安装完成。

单纯的 C#程序和 Unity 的 C#程序略有不同，单纯的 C#程序需要建立一个 C#项目，如图 4-1 所示，并将项目名称、解决方案名称、项目位置、所应用.NET 框架设置好。一个单纯的 C#文件，会有一个且只有一个静态的方法 Main(string[] args)，这个方法是这个项目的起始方法，也就是说这个 Main 方法是这个项目的起始点，而在 Unity 制作类则不需要新建项目。具体的不同在 Unity 编程内容中再详细叙述。

下面就创建一个新的项目，如图 4-2 所示，设置项目名称和解决方案名称为 Test，框架为.NET Framework 4.5.2，选择创建控制台项目，单击"确定"按钮后，出现如图 4-3 所示对话框，其中右侧出现的 static void Main(string[] args)就是起始方法。这段代码所在的窗口就是代码编写窗口，就是在这个窗口内进行代码的编写。

左侧窗口是解决方案资源管理器，它提供了项目及文件的视图，并通过右击菜单项目和文件进行相关的操作。如果该窗口没有出现，可以通过选择软件上方的"视图"→"解决方案资源管理器"命令调出该窗口。

图 4-1 创建一个新项目

图 4-2　命名

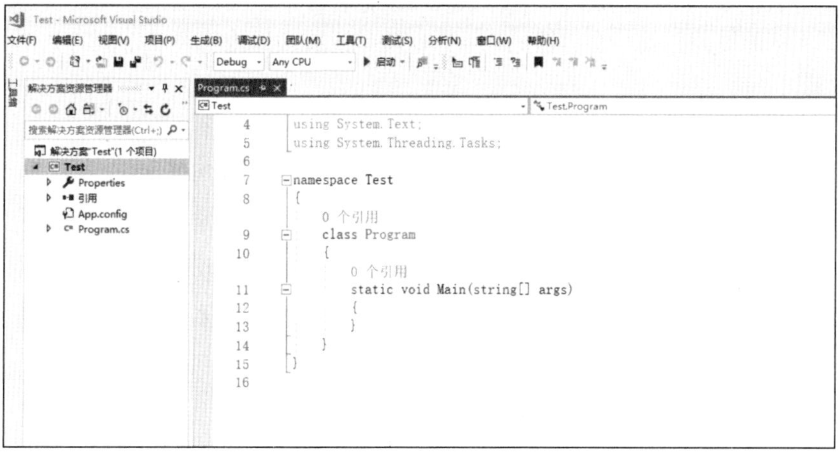

图 4-3　创建一个 Program

由于本书主要讲解基于 Unity 的虚拟现实内容的开发，Unity 下的程序对 VS 的功能应用并不多，所以本书对 VS 只是简单介绍，只要同学们能通过 VS 完成代码的编写即可。

4.2　C#程序结构

C#的程序结构大体可以分为命名空间、类、方法、关键字、语句、变量、注释等。下面我们将按照从小到大的顺序依次讲解每个内容。

4.2.1　关键字

关键字是 C#语言中已经被赋予了特定意义的一些单词，是不能用作其他用途的，我们之前看到了，像 class、void、static 等都是关键字。

4.2.2 变量

变量从字面上解释就是变化的量，是程序代码的最小单元，用来存放一个特定类型的值或物体的一个存储单元。

1. 变量的意义

可以把变量理解为一个容器，在容器的外边会贴上一个标签，标明这个容器是用来存放什么类型物品的，一旦标签贴好这个容器就只能存放这个类型的物品，不能更改。

每个变量都有自己的作用域，也就是作用范围，通常来说，如果定义变量的时候没有使用 public 关键字，那么该变量的作用域就是它所在的大括号中。

如果变量定义的时候有 public，那么该变量的作用域则可以超出它所在的大括号。

```
class Test{
int a;
}
```

如上定义，它表示定义了一个名字叫 a 的变量容器，它的作用域就是它所在的括号范围。这个容器是用来存放整数的。既然是容器，那么就可以把容器的东西取出来，也可以向容器里面装入新的东西，当然前提是必须符合容器的标签，也就是说装入的内容要和定义的类型一致。接着上面那行代码。

```
Debug.Log(a);
```

这一行代码就是将 a 里面的值取出来，并输出到屏幕上，输出结果为 0。

```
a=3;
```

这一行就是为变量 a 重新赋值，将整数 3 放到 a 这个变量容器中。这时候 a 里面装的内容就不是 0 了，而是 3。也就是说容器没有变，但是我们把容器的内容变了。

变量规则：

- 变量名只能由数字、字母和下画线组成。
- 变量名的第一个符号只能是字母和下画线，不能是数字。
- 不能用关键字做变量名。
- 一旦在一个语句中定义了一个变量，那么这个变量的作用域内都不能再定义同名变量。

2. 变量类型

（1）值类型

值类型是内存中直接存储数据的变量类型，主要包含整数类型、浮点类型及布尔类型等。值类型采取的是堆栈分配存储地址，效率高。值类型具有如下特性：

- 复制值类型变量时，复制的是变量的数据值，而不是变量地址。
- 值类型变量不能为空，必须具有确定的值。

① 整数类型：整数类型就是整数数值，根据常见的整数的大小数值，C#将整数分为 8 种类型。最常用的是 int，int 表示的意思是有符号的 32 位整数，取值范围为$-2^{32} \sim 2^{32}$。

② 浮点类型：浮点类型变量主要用于处理含有小数的数值数据，根据小数数位的不同，C#提供了单精度浮点型 float 和双精度 double。如果不做任何设置，包含小数点的数值都被认为是 double 类型，如果将数值以 float 类型来处理，就应该通过强制使用 f 或 F 来将其指定为 float 类型。

```
float f=1.3f;
```

③ 布尔类型：布尔类型表示真或者假。布尔类型变量其值只能是 true 或者 false，不能将其他的值赋给 bool 类型。在定义全局变量时，若没有特定要求不用对上述值进行初始化，整数类型和浮点类型默认初始值为 0，bool 类型默认初始值为 false。

④ 字符类型：为了保存单个字符的值，C#支持 char 数据类型，char 类型的字符变量是用单引号括起来的，如 'S'。

⑤ 字符串类型：字符串类型可以理解为是字符类型形成的一个集合，可以像数组一样通过下标访问字符串的每个字符，字符串类的变量是用双引号括起来的。例如　string s="123"。

（2）引用类型

引用类型是构建 C#应用程序的主要对象数据类型。C#所有引用该类型均派生自 System.Object。引用类型的特点如下：

① 引用类型都存储在托管堆上。

② 引用类型可以派生出新的类型。

③ 引用类型可以包含 null 值。

④ 引用类型变量的赋值只复制对象的引用，而不复制对象本身。

⑤ 引用类型的对象重视在进程中分配（动态分配）。

值类型和引用类型的区别如下：

① 所有继承 System.value 的类型都是值类型，其他都是引用类型。

② 引用类型可以派生出新的类型，而值类型不能。

③ 引用类型存在堆中，而值类型既可以存在堆中也可以存在栈中。

④ 引用类型可以包含 null 值，值类型不能。

⑤ 引用类型的变量的赋值只复制对象的引用，而不复制对象本身。而将一个值类型变量赋给另一个值类型变量时，将复制包含的值。当比较两个值类型的时候，进行比较的是内容，而比较两个引用类型，进行的是引用的比较。

（3）枚举类型

枚举类型为定义一组可以赋给变量的命名整数常量提供了一种有效的方法。例如，定义一个代表星期的变量，那么这个变量只能有 7 个有意义的值，若要定义这个值，可以使用枚举类型。使用枚举类型可以增加程序的可读性。在 C#中使用关键字 enum 类声明枚举。

```
enum 枚举名称{
    V1=value1;
    V2=value2;
    V3=value3;
    V4=value4;
}
```

{}中内容是枚举列表，每个枚举名称对应一个枚举值，V1 等为枚举值，value1 等是枚举值对应的整数值。如果不对 V1 等赋整数值，那么默认是从 0 开始依次赋值。

（4）常量

常量就是在使用过程中不会发生变化的变量。在声明变量的时，在变量的前面加上关键字const，就可以把这个变量变成常量。实例如下：

```
const int a=10;
```

a 常量在声明的时候必须赋值，而且常量不能在后面的代码中更改。

4.2.3 运算符

运算符就是用于运算的各种符号，编程语言中，运算符包含如下几种：算术运算符、比较运算符、逻辑运算符等。

算术运算符就是数学中的加、减、乘、除。唯一要注意的是在程序中还有一个求余的运算符%，用来求出两个数相除的余数。算术运算符如表 4-1 所示。

表 4-1　算术运算符

运算符	名称
-	减法
*	乘法
/	除法
%	取余
++	自加
--	自减

比较运算符就是用于比较两边操作数的运算符，并根据比较结果返回真或假的 bool 值。比较运算符如表 4-2 所示。

表 4-2　比较运算符

运算符	名称
<	小于
>	大于
>=	大于等于
<=	小于等于
!=	不等于
==	等于

逻辑运算符只会应用于 bool 类型变量，用于返回 bool 值。逻辑运算符如表 4-3 所示。

表 4-3　逻辑运算符

运算符	名称
!	逻辑非，一维运算符，获取当前 bool 值的相反值
&&	逻辑与，二维运算符，两个 bool 值都为 true，结果为 true，否则为 false
||	逻辑或，二维运算符，两个 bool 值都为 false，结果为 false，否则为 true

4.2.4 注释

在做项目的过程通常要写成千上万行代码，当过了一段时间后，就很难记住每一行代码的作用，这就对阅读、修改代码带来了麻烦，所以需要为代码写一些说明文字，这些文字就是注释。注释在程序运行时是不会运行的，就像程序的说明书一样。

如果注释的行数比较少，一般使用行注释，用"//"开头，对于连续多行的大段注释，则用块注释，用"/*"开头，用"*/"结尾。

4.2.5　语句

如果说变量是程序的最小单位，那么语句是构造 C#程序的基本单位，这二者的关系就像是语言中词和句子的关系。语句可以声明局部变量和常数、调用方法、创建对象、赋值等作用，通常语句以分号结尾。

```
Console.writeLine(123);
```

上面的语句就是调用 Console 类中的 writeLine 方法，输出数字 123。

语句的结尾要用 ";" 结束，另外编写程序时输入的所有内容，包括：都是英文半角格式，不能出现中文格式的标点符号。

4.2.6　方法

回忆 4.1 节中，创建的 VS 项目会自动创建一个.CS 程序文件，文件中包含一个 Main 方法。这个 Main 就是一个方法。方法、语句、变量这三者的关系，可以这么理解：变量是一些螺丝，语句是由螺丝之类组成的小零件，而方法就是由零件和螺丝组成的工具。在使用工具之前要把工具先做好，这个制作工具的过程就是方法的定义。

```
Public Void Tool(){
}
```

如上代码，要先定义这个方法的作用域。关键字 Void 是说这个方法是一个无返回值的方法。就是说这个方法使用之后不会生成一个新的值或物品。Tool 是方法名。{}中，填写的这个工具所能执行的功能，具体情况具体分析。

```
Public Void Tool(int i){
}
```

这段代码和如上代码的区别是在()中多了 int i 这段代码，方法定义中的()里面的内容为形式参数，简称形参，形参主要在方法体中起到代替实际的数进行运算的作用，就像数学方程式中的未知数 x，实际调用时放入的参数为实际参数，简称实参，其作用是为了在执行的时候可以根据实际情况放入不同的值，达到灵活运用的目的。

```
Public int Tool(int i){
    Return i+i;
}
```

这段代码比之前的代码又做了改变，首先 Void 关键字变成了 int，这表示这个方法执行之后会生成一个 int 类型的值。也就说，调用了这个方法后会生成一个 int 类型的结果，方法体内的 Return 就是将最终的结果返回的作用，执行了 Return 后方法就结束了。有返回值的方法可以根据返回值的类型当作一个该类型值来应用。

```
Console.writeLine(Tool(5));
```

以上代码会打印成 10。

以上部分都是方法的定义，方法可以看成一个工具，工具的定义就相当于工具的制作，工具制作出来只是放在那，并没有使用，想要使用工具，就需要调用方法。调用写法如下：

```
方法名(实参);
Tool(3);
```

方法名就是我们定义的方法名，实参就是我们实际使用时传入方法内的数值。

① 实参可以是常量、变量、表达式、方法返回值等，总之，无论实参是任何形式，都要求有个确定的值，以便用这些数代替形参，也就是方法体中的未知数。

② 形参变量只有在调用的时候才会分配内存单元，一旦调用结束则会释放所分配的内存空间，因此形参只在方法体内有效，可以视为方法体内的私有变量。

③ 实参对形参的数据传递是单向的，即只能把实参的值传送给形参，而不能把形参的值反向传送给实参。

④ 实参和形参占用不同的内存单元，即使同名也是各不相同的两个变量。

4.2.7 类

类是一种数据结构，它可以封装数据成员、方法成员和其他类。类是创建对象的模板，C#中所有的语句都必须位于类中，因此类也是 C#语言的核心和基本构成模块。

用我们之前的理解方式，如果说方法是工具，那么类就是一个工具箱，这个工具箱内存放着属于这个类别内的各种工具。例如，测量长度的类，那么这个类里面放的都是进行测量长度的工具方法，测量重量的类，那么存放的都是测量重量的相关方法。

任何新的类在使用之前都需要定义，一个类一旦定义，就可以当作一个新的类型使用，在C#中用 class 来定义。

4.2.8 命名空间

在之前的内容中提到了类这个概念，如果说类是一个工具箱，那么命名空间就是一个工具保管员，他的名下保管着很多的工具箱（也就是类），如果想调用某个工具箱，或者是工具箱下的方法，那么必须要通过工具保管员，程序的写法就是用"using 命名空间名"，代码如下：

```
using 命名空间名;
```

在 C#中，程序是利用命名空间来组织起来的，命名空间是由一个个类组成的，类是由一个个方法定义和变量定义组成的。方法是一个个语句组成的，语句是由变量和运算符、方法调用组成。

4.3 程序语言基础

在这一小节中我们主要讲的是流程控制语句、集合、属性、方法这四个部分。

4.3.1 流程控制语句

现在所写的程序代码在执行的过程中要按照一定的线性方向进行执行，这期间一定会有节点需要做判断和分支，而流程控制语句就是执行这类作用的。

1. if 分支语句

if 语句是程序中最基本的语句，通常程序学习的第一个语句就是 if 语句。if 语句后面的括号中要跟随一个条件表达式，这个条件表达式的结果如果是 true，则执行{}中的内容，如果是 false 则不执行。

```
if(布尔表达式){
    语句
```

```
}
```

if 这个单词在英文中是 "如果" 的意思，如上代码的意思是如果条件为真，则执行语句。

```
if(布尔表达式){
    语句 A;
}else{
    语句 B;
}
```

if...else 语句是 if 语句中最常用的一种形式，else 的意思是 "否则"，它根据条件进行分支处理，就是说如果表达式结果为 true 执行语句 A，否则则执行语句 B。

```
if(布尔表达式1){
    语句 1;
}else if(布尔表达式2){
    语句 2;
}
else{
执行语句 n;
}
```

if...else if 是多重分支语句，此类语句用于解决多重分支，if 和 else 每次只能执行二叉分支，当布尔表达式 1 的值为 true 时，执行语句 1；如果布尔表达式 1 为 false，则进行布尔表达式 2 的判断。如果布尔表达式 2 为 true，则执行语句 2，为 false 则进行下面的判断或语句，以此类推。

2. switch 多分支语句

上一节讲的是 if 分支语句，if 分支在每个条件只能做二叉分支，这节讲的 switch 则是用来处理多分支的语句。它根据表达式的值使程序从多个分支中选择一个用于执行的分支。switch 语句的格式如下：

```
switch(表达式){
    case 常量表达式1:
        语句 1;
    break;
    case 常量表达式2:
    语句 2;
break;
...
case 常量表达式3:
    语句 3;
break;
default:
    语句 4;
}
```

switch 关键字后面的()中是条件表达式，大括号{}中的代码是由多个 case 子句组成的多个分支。每个 case 关键字后面都有对应语句块，switch 所执行的功能是通过对条件表达式的判读，根据得出的值到下面的 case 语句中找到相同的值，然后执行该值对应的语句，语句执行结束后，执行 break 语句，break 直接结束 switch 分支语句。default 的意义是其他，如果条件表示式的值在 case 块中没有找到匹配的值，那么执行 default 后面的语句。

switch 内可以包括任意 case 子句，但是 case 语句对应的常量值不能相同，switch 中最多只能有一个 default 语句，也可以没有。

3. 练习题

① 随机 case 分支打印数字。

② 建立一个成绩单数组，统计各个分数段人数，90 分以上为 A，80 分以上为 B，70 分以上是 C，60 分以上是 D，60 分以下是 E。

③ 填入 1~7，打印出对应的星期。

4.3.2　循环语句

在 C#中，常见的循环语句有 while、do...while、for、foreach 语句。这些语句用来处理需要反复执行的语句。

1. while 语句

```
while(条件表达式){
    语句 1;
}
```

while 为 "当....时"，在程序语句中表示的意思就是，当条件表达式的值为 true 时，就一直执行语句 1，直到条件表达式值为 false 才结束。从语句格式上，while 的语法结构和 if 的结构很像，但是表示意思略有区别，if 是条件表达式为 true，才执行一次语句 1，while 则是一直执行语句 1。

2. do...while 循环

```
do{
    语句 1;
}while(条件表达式);
```

do...while 语句的执行顺序是先执行一次语句 1，然后判断 while 中的条件表达式，如果是 true，则反复执行语句 1，如果是 false，不再执行语句 1，结束循环。do...while 语句与 while 语句的最大区别是：while 是判断再执行，如果为 false，则语句一次也不执行；而 do...while 是先执行一次，再判断，为 false 则不执行，也就是说 while 可能一次也不执行语句，而 do...while 至少会执行一次语句。

3. 练习题

① 求 1~100 的和。

② 求 1~100 内奇数的和。

③ 求 1~100 内可以整除 3 的数的和。

④ 我国房价，每年增长 7%，问多少年后，房价会翻倍？

4. for 循环

for 循环是程序语言中最有用的循环语句之一，for 循环用于对一个有序的数据序列进行遍历，其中有一个初始值，有一个条件值，有变化规律，这三个表达式之间用;分隔，下面是 for 循环的语法结构

```
for(初始值;条件表达式;变化规律){
    语句 1;
}
```

for 的使用都针对一个数据序列，初始值用来确定序列索引值，表明从序列的那个位置起始循环。条件表达式是一个 bool 表达式，用来判断序列索引是否符合条件，如果索引不符合条件则结束循环。变化规律是指序列索引每次执行后对索引值做怎样的变化。

```
for(int i=0;i<5;i++){
    语句;
}
```

for 语句的运行顺序如下：

第一遍运行的时候，索引初始值 i=0；判断条件：i=0,i<5；执行语句 1。执行变化语句 i++；也就是 i 自加 1，此时 i=1。

第二遍 i=1；判断条件：i=1，i<5；执行语句，i++，i=2。

第三遍 i=2；判断条件：i=2，i<5；执行语句，i++，i=3。

第四遍 i=3；判断条件：i=3，i<5；执行语句，i++，i=4。

第五遍 i=4；判断条件：i=5，i<5；执行语句，i++，i=5。

第六遍 i=5；判断条件：i=5，i 已经不小于 5 了，条件不成立跳出循环。最终语句执行 5 遍。

5. foreach 循环

foreach 循环是 for 循环的一种特殊简化方式，但 foreach 语句并不能完全取代 for 语句。然而 foreach 循环都可以改写成 for 循环。foreach 语句用于枚举一个集合的内容。用一个变量分别代替该集合中的每个元素，用于对元素的调用操作，foreach 语句不能用于执行更改集合元素的操作，否则会产生错误。

```
foreach(变量类型 变量 in 集合){
    语句;
}
```

要注意的是，变量类型要和后面集合的类型保持一致，变量在每一次循环中分别代表集合中的一个元素，循环的次数和集合的个数是一致的。

6. 循环跳转语句

① break 语句只能应用在 switch、while、do...while、for、foreach 语句中，用于结束循环语句。

② continue 语句只能用于 while、do...while、for、foreach 语句中，用来忽略循环语句中当次循环，而开始下一次的循环。

③ return 语句表示返回，当 return 语句在方法中时，用于结束当前方法。如果当前方法有返回值，则该方法必须有 return 方法，且必须每个分支都由 return 来结束，并且 return 后面需要有和方法返回类型相同的值。

7. 练习题

① 求 1～100 的和，分别用 while，for，foreach 三种方式实现。

② 求 1～100 内奇数的和。

③ 求 1～100 内 1 开头 2 为倍数的等比数列的和。

④ 求 1～100 内所有质数的和。

⑤ 求 1～10 内每个数的阶乘的和。

4.3.3　集合和数组

集合是一些数据所组成的序列。在 C#中有很多种数据集合方式，这里主要讲数组。

数组是最为常见的一种数据结构，绝大多数程序语言都支持数组，数组是相同类型的数据或对象集合，数组的每一个成员称为数组的元素，元素在数组中的序号称为下标、索引或者 ID，可以通过下标来确定数组中的元素，要注意的是，数组的下标是从 0 开始的，也就是数组的第一个元素的下标是 0，如果数组的长度是 10，那么最后一个元素的下标是 9。数组中的元素个数称为数组长度。

为了更好地理解数组，可以将数组想象成军队的站队，一维数组就是一路队列，二维数组就是二路队列，可以通过报数的形式遍历每个队员，也可以通过序号，直接找到序号对应的队员。

上面的内容，提到了一维数组和二维数组，实际上数组的维度是没有限制的，但是在实际应用中，使用多维数组的情况并不多，下面先来说一维数组。

1. 一维数组

一维数组实际上就是一个线性的数据集合，当程序中需要处理一组数据时就可以创建一个这种数据类型的数组。

数组的定义可以使用一下几种方式：

```
①数组类型[] 数组名;
②数组类型[] 数组名=new 数组类型[数组长度];
③数组类型[] 数组名={元素1，元素2，元素3，元素4};
④数组类型[] 数组名=new 数组类型[3]{元素1，元素2，元素3};
```

① 方法是最简洁的定义方式，仅仅定义数组的类型和数组的名字。

例如，int[] nums;就是定义了一个整型数组，数组名为 nums。这种方式定义的数组，定义之后还不能访问该数组的任何元素，因为数组只是给出了数组的名字和元素数据，想要真正使用数组必须为它分配内存空间。如果要分配空间，就要知道数组的长度，之后的几种定义方式都包含了数组的长度。

② 方法是在定义数组类型和名字的同时给出数组的长度。

例如，int[] nums=new int[4];表示定义了一个长度为 4 的整型数组，名字为 nums。

通过这种方式定义的数组，就可以访问这个数组的每个元素了，例如 nums[2],就是获取数组中下标是 2 的元素，也就是第三个元素。读取到元素后会发现，元素的值是 0，而且数组的其他元素也是 0，这是因为只是设定数组的长度，但是并没有为每个元素赋值，而 int 型的变量，如果不赋值的话，它默认值为 0。

③ 方法是在定义数组类型和名字的同时，为数组的元素赋值。这种方式虽然没有直接给出数组的长度，但是通过元素的个数也能知道数组的长度，也相当于变相给出了数组长度。

例如，int[] nums={3,4,6,4,6,1};表示定义了一个整型数组，数组的元素分别是 3,4,6,4,6,1，数组长度为 6，名字是 nums。

④ 方法是最完整的数组定义方式。

例如，int[] nums=new int[6]{3,4,6,4,6,1};不是最完整的定义方式就一定最常用，在一般编程中，使用最多的方式是第②种。因为在使用数组的时候通常是为了解决多个数据或对象的处理，多个数据和对象如果在初始化时一个个手动敲入为数组赋值也是很麻烦的一件事。更何况很多时候是无法在定义的时候将初始值赋值到数组中的。

2. 二维数组

就像之前所说，二维数组就像是二路队列，定义二维数组和定义一维数组是类似的，先确定类型，再使用 new 关键字来分配内存空间，之后才能访问每个元素。二维以上的数组称之为高维数组。

```
①int[,] nums;
②int[][] n;
```

这是两种定义二维数组的方式，虽然都可以定义二维数组，但其表示的意思却不同，①是将多维数组看成是一个一维数组，而这个数组的元素都是包含两个数据的。这种方式定义的二维数组，一定是一个矩形，就是说每个维度的数量是相同的。②是将一个二维数组拆分成两个一维数组，对这两个数组分别赋值，这种方式定义出来的数组，第一个数组和第二数组的长度可以不相同，也就是说这个二维数组可能不是一个矩形。

```
③int[,] nums=new int[2,4];
④int[,] nums=new int[2,4]{{3,4},{4,5},{4,5},{2,6}};
⑤int[,] nums={{3,4},{4,5},{4,5},{2,6}};
```

③④⑤三种方式都为①做初始化，表述的意思和一维数组相同。形成的数组如下：

```
3, 4, 4, 2
4, 5, 5, 6
⑥int[][] n=new int[2][];
n[0]=new int[2]{1,2};
n[1]=new int[3]{1,2,3};
```

⑥ 方式是为②做初始化的，形成的数组如下：

```
1, 2
1, 2, 3
```

3. 常用数组命令

（1）Sort 排序

Sort 命令是 Array 类下的一个静态方法，作用是把数组内的元素按照由小到大的顺序进行排序。使用方法如下：

```
int[] list={3,5,7,6,8};
Array.Sort(list);
foreach(int i in list){
    Console.Write(i+";");
}
```

第一行是定义一个数组并赋初始值，第二行对这个数组进行排序，之后的代码是把数组的元素依次输出。输出的结果是：3;5;6;7;8;

（2）Reverse 反转

Reverse 命令是 Array 类下的一个静态方法，作用是将数组内的元素反向排列。使用方法如下：

```
int[] list={3,5,7,6,8};
Array.Reverse(list);
foreach(int i in list){
    Console.Write(i+";");
}
```

具体含义和 Sort 命令相似，这里不再赘述。我们看到 Sort 命令只能从小到大排序，那么如果要从大到小排序呢？需要 Sort 和 Reverse 联合起来使用。

4.3.4　属性

属性是一种用于访问对象或类的特性的成员，从理解上也可以理解成变量的一种，是一种可以进行访问限制的变量，可以对访问进行设置。

```
访问修饰符 数据类型 属性名{
get{
  return 变量名
}
set{
    变量名=value;
}
}
```

访问修饰符用来确定属性的作用域，常用的有 public、private 等，属性类型确定该属性的类型，属性名确定了属性的名字，get 用来添加获取数值时的代码内容。set 为对属性赋值时要执行的语句。从属性的结构上能看出来，属性的定义需要一个变量做数据的载体。

```
int Month=12;
public int month{
    get{return Month;}
    set{
      if(value>0&&value<13){
            Month=value;
}
    }
    }
```

通过上面的例子可以看到，定义了一个 int 型的属性 month，这个属性是可读的，能直接获取其属性值，但是当为属性进行赋值时，其值必须在 0～12 之间。属性的值实际上是保存在一个私有变量中，属性只不过是封装了一遍。

```
int Month=12;
public int month{
    get{return Month;}
    }
```

上面这个属性的定义没有 set 也就无法进行赋值，这个属性就是一个可读属性，无法对属性的数值进行修改。

4.3.5　对象

在一个项目中会存在大量的类，有些类实现的功能不同，但很类似，这就使程序中出现了大量重复的代码，为了避免出现这样问题，就有了对象这个概念。

1. 类和对象

对象可以理解为一个实体，如果类是抽象的概念，指出一类物体共有的属性，那么对象就是这个类的具体化表现。举例来说，通常说的水果就是一个抽象的概念，是一个类，指的是一类物体的集合，而苹果就是一个对象，它把水果这个概念具体化了。

2．对象的定义

对象的定义，分为两部分：一是声明对象，也就是确定对象的类型和名字；二是实例化对象。

① 声明对象：声明变量是一样要符合变量命名的规则，假定已经有了一个叫 Fruit 的类，下面就声明了一个 Fruit 类的对象 fruit。代码如下：

```
Fruit fruit;
```

从上面的代码中可以看出，这和声明变量是一样的，但是变量类型是自己定义的各种类。

② 实例化对象：声明对象后，该对象并不能直接访问，因为系统中还未为其分配存储空间和值，只有通过实例化，才能真正完成定义。

```
Fruit fruit=new Fruit();
```

代码这才完成了对对象的定义。

3．对象的用法

通过上面对对象的定义，不难理解对象就是把类实例化，这个实例就可以直接使用这个类下面的公共方法和变量。例如下面代码：

```
class  Fruit(){
public int num;
Static int n;
public void Eat(){
}
Static void SetEat(){
}
Static void Main(){
    Fruit fruit=new Fruit();
    fruit.num=3;
    Fruit.Eat();
    Fruit.SetEat();
    Fruit.n=3;
}
}
```

如上代码，实例化了一个 Fruit 类的对象 fruit，fruit 就通过 fruit.的方式来访问公共变量 num 和公共方法 Eat。但是类里面定义的 Static 静态方法或变量，则不能用 fruit.的方式调用，需要用 Fruit 的类名点来调用，也就是 Fruit.来调用。

类中定义的静态方法需要用类名点来调用，而非静态方法需要用实例对象点来调用。

本 章 小 结

本章介绍了 C#语言基本性质和使用方法，对于下文中编译器的使用有着决定性的意义。C#作为目前主流的面向对象编程语言，通过细致的学习，对于读者编程思想编写能力也会有一定的帮助。

第 5 章

虚拟现实开发工具

Unity 是由 Unity TechnLogies 公司开发的一个让玩家轻松创建诸如三维游戏、建筑可视化、实时三维视频、虚拟现实等类型互动内容的多平台的综合型游戏开发工具，是一个全面整合的专业游戏引擎。其编辑器可以运行在 Windows 和 Mac OS X 下，凭借其强大的跨平台特性，一次开发就可以部署到时下所有主流游戏平台，目前 Unity 所支持的平台多达 20 多个。

Unity3D 是目前最专业、最热门、最具前景的游戏开发工具之一，其作品遍布 PC、MAC、移动端等主流平台，现在 Unity 在虚拟现实方向的支持力度越来越大，已经成为虚拟现实内容开发工具的第一选择。

5.1　Unity Hub

Unity 从 2019 开始提供辅助工具 Unity Hub，Unity Hub 是 Unity 新推出的用于简化工作流程的桌面应用程序，主要的作用是下载和使用多个版本的 Unity 软件、试用 Unity Beta，甚至 Alpha 编辑器、管理当前机器上的 Unity 项目、学习界面和资源界面，方便查找教程和资源。

Hub 是一个与 Unity 主程序分开的独立的应用程序。在 Hub 界面的左边有四个模块：项目、社区、学习、安装（见图 5-1）。

项目里是本机的各个项目，在这个子面板中还有两个子按钮："添加"按钮可以把之前做过的项目添加到当前目录中；"新建"按钮可以新建 Unity 新的工程。

社区模块包含的功能：最新活动提醒、最新资源推荐、近期官方直播预告和往期直播的录播回看、与微信公众号同步更新的技术文章模块，如图 5-2 所示。

图 5-1　Hub 的界面

图 5-2　社区模块

学习模块主要是官方的一些教程素材资源，如图 5-3 所示。

图 5-3　学习模块

安装模块是管理本机所安装的 Unity 的各个版本，如图 5-4 所示。

图 5-4　安装模块

5.2　Unity 的界面布局

　　Unity 的编辑器有非常直观的界面布局，而且布局也可以根据使用者的个人习惯进行自定义布置。下面我们就对界面的布局进行讲解。

　　Unity 的布局主要分五个窗口，分别是场景窗口（Scene View）、游戏窗口（Game View）、层级窗口（Hierarchy）、项目视图（Project）、属性窗口（Inspector）。在讲解每个窗口之前，先介绍理解方式，Unity 是一款 3D 游戏引擎，主要用来做 3D 游戏，而作为内容的制作者，可以把自己想象成是一个导演，要制作的内容就像是在拍摄电影。把这个思路理解之后，分别把这个概念引入软件的每个窗口来讲解窗口的作用。Unity 界面窗口如图 5-5 所示。

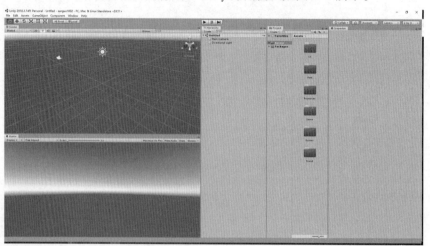

图 5-5　Unity 界面窗口

5.2.1　场景窗口（Scene View）

　　如图 5-6 所示，场景视图是用于设置场景以及放置游戏对象，是构造游戏场景的地方。（拍摄电影的摄影棚，所有的道具、演员、布景都在这个场景下进行布置）

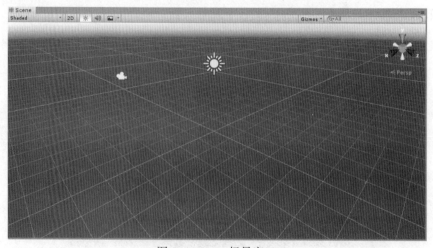

图 5-6　Unity 场景窗口

这个窗口上有几个功能按钮，下面依次讲解这几个功能按钮的作用：

Shaded：提供多个场景渲染模式，通过下拉列表可以切换其他模式，更改渲染模型只能改 Scene 场景的观看效果，并不影响最终显示效果。

2D：切换场景的 2D 或 3D 视图，2D 视图下没有 Z 值，只能平面观看。

☀：控制场景中灯光的开关。

🔊：控制场景中声音的开关。

🖼：控制天空盒、雾效、光晕的开关。

Gizmos：场景中的各类功能物体都有各自的图标，用来方便使用者查找到对应物体。通过下拉菜单可以控制场景中图标的隐藏与显示。

All：搜索框，输入需要查找的物体名称，不符合条件的物体则用灰色显示，用于突出搜索物体。

：在 Scene 窗口的右上角有个方向标志，这个标志有三色的箭头指向，指向的是世界坐标系下的三个轴向的正方向，绿色指向 Y 轴正方向，蓝色指向 Z 轴正方向，红色指向 X 轴正方向。

5.2.2　游戏窗口（Game View）

游戏场景，是由场景中相机所渲染的游戏画面，是游戏发布后玩家所能看到画面，如图 5-7 所示。

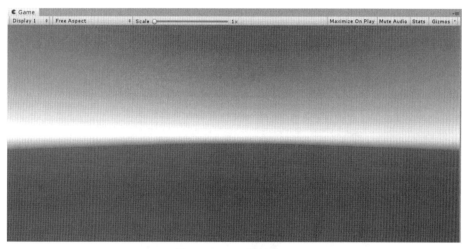

图 5-7　Unity 游戏窗口

Display 1：Unity 支持多个显示画面，通过该按钮的下拉菜单来切换不同的显示画面。

1280×720 (1280×720)：该按钮用于调整屏幕的分辨率，通过下拉菜单可以选择几种常用的显示比例，也可以自定义屏幕的分辨率。

Scale 0.52：该按钮用来缩放窗口的大小。

Maximize On Play：用于最大化显示场景的切换按钮，可以让游戏运行时以最大化窗口运行。

Mute Audio：静音按钮，用来开启和关闭游戏运行时的音频。

Stats：单击该按钮可以在弹出的窗口中显示当前场景的渲染速度、Draw Call 的数量、帧率、贴图占用的内存等参数。

5.2.3 层级窗口（Hierarchy）

层级窗口，用于显示当前场景中所有游戏对象的层级关系，如图 5-8 所示。（Unity 下所有能用的物品都是 GameObject，可以把每个 GameObject 都理解成参加演出的演员，那么这个窗口就是一个出演演员的名单。）

Create：通过这个按钮可以创建物体或组件，下拉菜单可以创建具体的物体，包括 UI、物体、音频组件、视频组件等。

Q▾All：搜索按钮，通过名字搜索 Hierarchy 窗口下的对应物体。

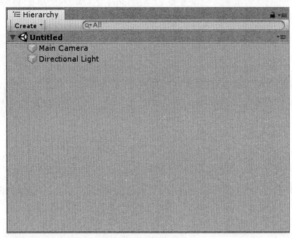

图 5-8　层级窗口

5.2.4 项目视图（Project）

项目视图：显示整个工程中所有可用的资源，如模型、类等，如图 5-9 所示。（这个窗口就相当于后台仓库窗口，这个窗口里面放置的都是可能用到的各种资源。）

图 5-9　项目视图

Create：创建按钮，功能和 Hierarchy 下的功能一样。

Q▾All：搜索按钮，功能和 Hierarchy 下的功能一样。

：根据类型搜索，通过这个功能可以对物体的类型进行搜索。

：根据已有的组件类型进行搜索。

5.2.5　属性窗口（Inspector）

属性窗口：用来显示当前所选择的游戏对象的相关属性与信息，如图 5-10 所示。（因为游戏对象就相当于演员，这个窗口就相当于这个演员的职能列表。）

：通过下拉菜单可以更改物体在 Scene 场景，显示图标，起到一个方便选择的作用。

Cube：选中物体的名字。

：选中物体的 Active 属性，该属性用来控制物体是否应用到场景中，该属性为真则应用在场景中，为假则不能应用到场景中。

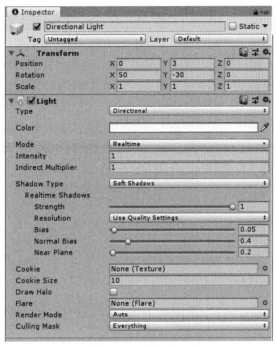

图 5-10　属性窗口

如果属性为假，不等同于隐藏，隐藏的意思是物体看不到但是仍在场景中，物体上的类碰撞仍起作用，而属性为假的结果是物体看不到，物体身上的所有类、组件也都不可用。

Static：静态属性，勾选了该属性，此物体则变成静态物体，变成静态物体后，物体是不会根据代码进行运动的。静态物体对系统资源的消耗会变小，所以场景中的物体如果不需要运动，最好都勾选成静态物体。

Tag Untagged：标签，用来区分不同类物品的标志，可以为一类或一个物体设定一个标签，便于我们进行区分选择。

Layer Default：层级，也是用来区分不同物体的，可以把不同物体分别设置在不同的层级，在选择的时候通过层级进行区分，在渲染的时候也可以通过层级进行区分，如只显示其中某个层的物体。

Transform：Transform 组件，这个组件是物体必备的一个组件，这个组件包含物体的坐标、旋转、缩放三个显性属性，可以直接在面板上修改。Transform 组件还包含着很多有用方法，如设置物体的层级等，可以把这个组件理解为物体的身份户口，因为通过这个组件能查到物体的住址（位置）、父亲（父级）、儿子（子级）、几个儿子（子物体个数）等信息。

⚙.：设置按钮，这是一个非常实用的工具，在其下拉列表中包含了很多的子内容，如复制组件中的数值、粘贴组件中数值、复制当前组件、将复制的组件粘贴到当前物体上。设置按钮在每个组件上都有，有了这些功能，我们就可以直接复制出当前组件的内容直接粘贴到另一个相同的组件中，不再需要一个一个数值的填入，省去了大量的重复性劳动。

5.2.6 控制台（Console）视图

控制台是 Unity 中非常重要的一个工具，如图 5-11 所示，可以说不会利用 Console 的人，就做不好 Unity 的程序。在写程序的时候都会出现 Bug，Bug 分两种：一种是语法错误，这种 Bug 在 Console 视图中会以红色提示出现，可以通过单击红色提示直接指向到对应的语句；第二种错误是逻辑错误，逻辑错误的出现是在设计程序代码的时候，由于考虑不周全，导致没有出现需要的效果。在第二种情况下，则需要找到出现问题的语句，通常这种情况要从很多代码中找到对应的代码，那么怎样才能快速找出问题的代码行呢？这时就要用到 Console 视图，在几个关键的代码行后，将关键的数值打印出来，查看打印值的正确性，根据数值的正确性缩小范围，最终找到要找的代码。打印出来的提示语句都出现在 Console 视图中，用白色字显示。上文提到了红色字和白色字，在 Console 视图中还有一种黄色字，黄色代表警告，表示代码存在不合理的地方，但不是语法错误，也不影响程序的运行。

图 5-11 控制台视图

5.2.7 变换工具

变换工具主要用于 Scene 窗口，实现所选择的游戏对象的位移、旋转以及缩放等操作控制，如图 5-12 所示。

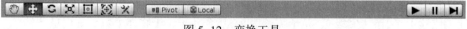

图 5-12 变换工具

：手型工具，单击选中手型工具，可在 Scene 视图中按住鼠标左键来平移整个场景，选中手型工具后，在 Scene 视图中先按住【Alt】键，按住鼠标左键，平移鼠标可以旋转场景视角，选中手型工具后，在 Scene 视图中先按住【Alt】键，按住鼠标右击，平移鼠标可以缩放场景视角，此外使用鼠标滚轮也能缩放场景视角。

：移动工具，单击移动工具后，选中一个物体，在该物体上出现 3 个方向的箭头，代表是物体自身坐标系的三个坐标轴，通过在箭头所指的方向上拖动物体从而改变物体某一轴向位置。

：旋转工具，单击旋转工具后，选中一个物体，在物体上出现了 3 种颜色的 3 个线圈，在线圈上按住鼠标左键平移，则可以沿着对应的轴向旋转物体。

：缩放工具，单击缩放工具后，选中一个物体，在该物体上出现 3 个方向的线段，通过在缩放所指的方向上拖动物体从而改变物体在某一轴向上缩放。

：矩形工具，允许用户查看和编辑 2D 或 3D 游戏对象的矩形手柄。对于 2D 游戏对象，可以按住【Shift】键进行等比例缩放。

：该工具是移动工具、旋转工具、缩放工具的组合。

：自定义编辑工具。

Pivot：以最后选中的游戏对象的轴心为参考点。显示游戏物体的轴心参考点。

Center：为所有选中物体所组成的轴心作为游戏对象的轴心参考点。

Local：显示物体的坐标，为该游戏物体使用的自身坐标。

Global：为所选中的游戏对象使用的世界坐标。

：播放控制，应用于 Game 视图，当单击 时，Game 视图会激活，实时显示游戏运行时的效果，用户可在编辑和游戏状态之间随意切换，使游戏的调试和运行变得更便捷、高效。

5.2.8　层级列表和下拉列表

Layers：层级列表，用来控制游戏对象在 Scene 视图中的显示，在下拉列表中显示状态为 的物体将被显示在 Scene 视图中。

Layout：切换视图的布局，用户可以存储自定义的界面布局。

5.2.9　菜单栏

菜单栏如图 5-13 所示。

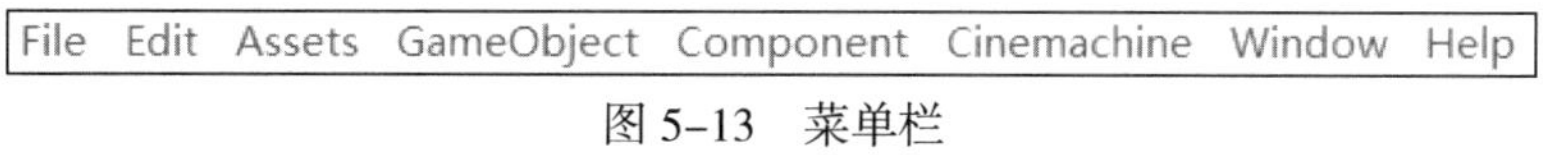

File　Edit　Assets　GameObject　Component　Cinemachine　Window　Help

图 5-13　菜单栏

File 菜单，主要包含工程场景的创建、保存以及打包输出等功能。

Edit 菜单，主要用来实现场景内部相应的编辑设置。

Assets 菜单，针对游戏资源管理的相关工具，通过 Assets 菜单的相关命令，用户不仅可以在场景内部创建相应的游戏对象，还可以导入和导出所需资源包。

GameObject 菜单，主要用于创建游戏对象，如灯光、粒子、模型、UI 等，了解 GameObject 菜单可以更好地实现场景内部的管理和设计。

Component 菜单，组件菜单可以实现 GameObject 的特定属性，本质上每个组件是一个类的实例，在 Component 菜单中，Unity 为用户提供了多种常用的组件资源。

Windows 菜单，窗口菜单可以控制编辑器的界面布局，还能打开各种视图以及访问 Unity 的资源在线商城。

Help 菜单，帮助菜单汇聚了 Unity 的相关资源链接，如 Unity 手册、类参考、论坛等，同时也可以对软件的授权许可进行管理。

5.3　Unity 的特有方法

在介绍 Unity 的组件之前，先介绍 Unity 的特有方法，也称系统方法，是 Unity 语言类中独有的方法，其有以下特点：

①特有方法不需要调用，满足一定条件后会自动触发。

②特有方法会自动继承，如果父类中有特有方法，子类没有，那么子类自动继承父类的特有方法，如果子类中有，则相当于重写了该特有方法。

5.3.1　类执行相关特有方法

（1）Start()：开始方法

方法解析：特有方法，在类文件启动的时候就执行。

（2）Awake()：觉醒方法

方法解析：特有方法，类文件在场景实例的时候就执行。

Start() 和 Awake()在执行效果上都是运行的瞬间就执行，但是这二者在执行顺序上有区别，Awake() 在 Start()之前执行，而且如果类的 Enable 属性被关闭，也就是类非激活状态下，Start()方法是不执行的，Awake()方法依旧会执行。

（3）Update()：刷新方法

方法解析：特有方法，每帧调用一次，用于更新游戏场景和状态。

（4）FixedUpdate()：物理刷新方法

方法解析：特有方法，每个固定物理帧调用一次，用于物理状态的更新。

（5）LateUpdate()：后刷新方法

方法解析：特有方法，每帧调用一次，一般与相机相关的放到这里。

这三个方法都是刷新方法，但在使用上略有不同，通常需要每帧更新的内容都放在 Update()中，FixedUpdate()中一般放和物理更新相关的内容，LateUpdate()一般放相机相关的内容，从执行属性上来说，FixedUpdate()先于 Update()，LateUpdate()最后。

以上五个方法，执行顺序由先到后，分别是 Awake()、Start()、FixedUpdate()、Update()、LateUpdate()。

（6）OnEnable()：激活时执行

方法解析：特有方法，类所在物体由非激活变成激活状态下执行，如果物体是被新创建出来的，可以执行。

（7）OnDisable()：非激活时执行

方法解析：特有方法，类所在物体由激活变成非激活状态下执行，如果物体是被销毁的也可以执行。

（8）OnDestroy()：销毁时执行

方法解析：特有方法，类所在物体被销毁时执行。

（9）OnApplicationQuit()：退出时执行

方法解析：特有方法，类所在进行退出程序的时候执行。

（10）OnBecameVisible()：显示时执行

方法解析：特有方法，在物体显示的时候执行，这里的显示指的是出现在摄像机显示视角范围内，可以在屏幕中显示出来，能被看到。

（11）OnBecameInvisible()：不显示时运行

方法解析：特有方法，同理，此方法是在物体不显示的时候执行。

5.3.2 鼠标相关特有方法

鼠标相关的特有方法除了拥有特有方法的特点以外，还有一个特点就是只对当前方法所在类所挂载的物体起作用。

（1）OnMouseEnter()：鼠标进入方法

方法解析：当鼠标进入方法所在类所挂载的物体范围内时执行。

（2）OnMouseDown()：鼠标按下方法

方法解析：当鼠标在物体上面并按下鼠标按键的时候执行。

（3）OnMouseUp()：鼠标抬起方法

方法解析：当鼠标在物体上面并抬起鼠标按键的时候执行。

（4）OnMouseOver()：鼠标悬停方法

方法解析：当鼠标悬停在物体上面并按下鼠标的时候执行，并一直执行。

（5）OnMouseExit()：鼠标离开方法

方法解析：当鼠标离开物体上面时执行。

（6）OnMouseDrag()：鼠标拖动方法

方法解析：当鼠标在物体上面，按住鼠标，并移动鼠标时执行。

以上方法中，OnMouseEnter()方法和OnMouseOver()方法执行效果都是鼠标进入物体范围就执行，但OnMouseEnter()只在进入的瞬间执行一次，而OnMouseOver()会反复执行。

5.3.3 碰撞相关特有方法

碰撞相关特有方法分两大类别（还有其他的暂时不讨论），分别是碰撞检测和触发检测，碰撞和触发的区别会在物理组件内容中详细讲解。

（1）OnTriggerEnter()：触发进入检测

语法结构：private void OnTriggerEnter(Collider other)

方法解析：当发生触发的瞬间执行，执行一次。other 为碰到的碰撞体。

（2）OnTriggerStay()：触发持续检测

语法结构：private void OnTriggerStay(Collider other)

方法解析：当进入触发时执行，持续执行。other 为碰到的碰撞体。

（3）OnTriggerExit()：触发离开检测

语法结构：private void OnTriggerExit(Collider other)

方法解析：当触发结束瞬间执行，执行一次。other 为碰到的碰撞体。

（4）OnCollisionEnter()：碰撞发生检测

语法结构：private void OnCollisionEnter（Collidsion collision）

方法解析：当发生碰撞瞬间执行，执行一次。collision 为碰撞事件。

（5）OnCollisionStay()：碰撞持续方法

语法结构：private void OnCollisionStay(Collidsion collision)

方法解析：当发生碰撞，且处于接触状态时执行，反复执行。collision 为碰撞事件。

（6）OnCollisionExit()：碰撞离开方法

语法结构：private void OnCollisionExit(Collidsion collision)

方法解析：当结束碰撞时执行，执行一次。collision 为碰撞事件。

5.3.4　练习题

①单击 A 物体，让 A 移动到 B 位置，释放鼠标时销毁 A，同时销毁 B。

②单击 A 物体，让 A 移动到 B 位置，释放鼠标时销毁 B，同时销毁 A。

5.4　Unity 组件

Unity 组件就是 Unity 官方封装好的代码文件，方便开发内容的工具，也是一段代码，和我们自己写的代码从使用的方法上来说没有任何区别，对于一些初学者要记住的一句话就是"组件就是代码"，怎么从自己的代码文件中获得变量和方法，同样方法可以应用到组件上，组件挂载到物体上同理，在属性面板中显示的内容，也就都可以获取和更改（也有特殊情况，暂不考虑）。

5.4.1　地形插件

在 Unity 环境中，可以利用系统自带的地形系统制作符合需要的地形。

1. 创建、设置地形（Terrain）

在 Herarchy 窗口内单击 Create 下拉菜单，在 3D Object 选项卡中选择 Terrain，也可以在 Herarchy 窗口下右击，在弹出窗口的 3D Object 选项卡中选择 Terrain。选择 Terrain 后在 Inspector（属性）面板中查看对应的属性，如图 5-14 所示。

在弹出的窗口中有五个子按钮，单击 ⚙ 按钮，弹出新的面板，如图 5-15 所示。

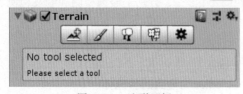

图 5-14　地形面板

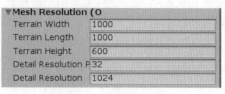

图 5-15　地形设置面板

在面板中可以设置地形的宽度、地形的长度和高度。地形高度的设置决定整个地形最大高度，也可以在编辑完地形之后再调整，调整之后会根据山脉的高度按比例缩放。

2. 编辑地形

▓ 按钮是 Unity 新版本新增的功能，用于拼接地形，单击 ▓ 按钮，可以看到在 Scene 场景下的地形物体的四周出现了线框，单击线框即可在该地形的旁边添加一个地形，这两个地形可以视为一个连续的地形，通过这个工具可以拼接成各种形状的地形。

✍ 是地形的编辑工具，单击此工具后，会弹出新的窗口，在这个窗口下有个下拉菜单，分别包含 Raise or Lower Terrain、Point Texture、Set Height、Smooth Height、Stamp Terrain 选项。

Raise or Lower Terrain 模块用于提高山体和降低山体，使用方式就是按住鼠标左键在地形上进行涂抹，涂抹过的地方山体就会升高。Brushes 图像，涂抹山体后会根据所选的图片的形状生成地形。Brush Size 是笔刷大小，生成山体的范围。Opacity 是生成山体的高度。如果地形太高，想要降低地形高度的时候，可以按住【Shift】键进行涂抹，那么涂抹过的地面则会降低。地形笔刷如图 5-16 所示。

Point Texture 模块为地形添加纹理，选择该选项后，单击选中此按钮，然后从弹出的窗口中选择一张图片，然后选中对应的图片，那么对应的地形就会有相应的纹理效果。地形层级面板如图 5-17 所示。

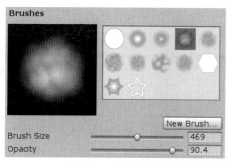

图 5-16　地形笔刷

图 5-17　地形层级面板

Set Height 模块可提高地面的初始高度，地形模块不但可以升高地形，还可以向下挖掘地形，但地形的最低点为 0，所以当需要制作一个深坑、湖泊、河流之类的地形时，需要调整 Height 滑块，然后单击 Flaten 按钮（如果场景中有多个地形物体，需要勾选 Flatten all 选项，让操作可以应用到所有地形），将地形的初始高度提高，然后再进行向下的挖掘操作，操作原理和降低山体高度的操作相同，都是按住【Shift】键进行涂抹。

Smooth Height 模块用来对做好的山体地形进行光滑处理，处理方法和其他模块的方法相同，都是鼠标涂抹，具体的参数也相同。

Stamp Terrain 地形图章工具，可以自定义图案，也可以在使用时调整强度，还可以定义一些地形山脉，一笔就可以绘制一条山脉的形状。

3. 种树

单击 ▦ 按钮，可以切换到种树系统，种树之前先要进行一些设置，在 Settings（设置）里进行一些设置。种树设置面板如图 5-18 所示。

Brush Size（笔刷尺寸），调整批量种植的面积。

Tree Density（树的密度），可以调整种植面积内的树的数量。

Tree Height（树的高度），调整树的高度，树的高度这一选项有两个设置模式，当 Random 勾选的时候，代表树的高度可以在一个范围内进行随机选择，通过后面的两个滑块进行范围的设置。

Lock Width to Height（锁定树的宽高比），如果值为 True，树的宽度将随树高度变化而变化。如果值为 False，则会出现 Tree Width 选项。

Tree Width（树的宽度），设置情况和 Tree Height 相同。

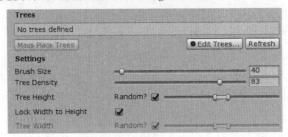

图 5-18　种树设置面板

设置树的预制体，通过单击 **Edit Trees...** 按钮，在下拉菜单中选中 Add Tree 选项，会弹出一个窗口，为 Tree Prefab 选择一个树的模型，通过单击或者鼠标涂抹将选中的树按照之前的设置批量种植到所编辑地形中。树的预制体设置面板如图 5-19 所示。

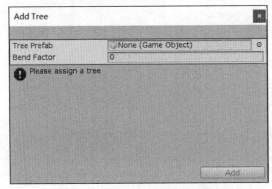

图 5-19　树的预制体设置面板

4. 种草

种草的原理和种树的原理基本相同，但是用的树和草的物体是不一样的，树是用模型预制体，草用的是图片。草如果用得比较多，比较消耗系统资源。

单击 按钮，可以切换到种草的窗口，设置选项卡中设置值基本和种树的设置内容一样，增加了一个 Target Strength，用来设置草的强壮值，单击 **Edit Details...** 按钮，在下拉列表中选择 Add Grass Texture（添加草的纹理）选项，会弹出一个窗口，如图 5-20 所示。

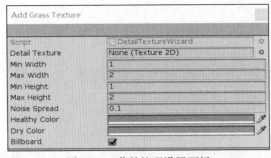

图 5-20　草的纹理设置面板

在这个窗口可以设置草的最小宽度、最大宽度、最小高度、最大高度、随机偏差值、健康的草的颜色、枯萎的草的颜色。主要设置的是 Detail Texture（细节纹理），为其选择一个草的图片。之后通过单击或者鼠标涂抹可以将选中的草按照之前的设置批量种植到所编辑地形中。

设置风的力度。在场景中可以设置风的力度，让草随风摆动，风的设置在地形组件的设置中，单击  按钮，弹出 Wind Settings for Grass（风的力度设置面板），如图 5-21 所示。通过这些设置调整风力的大小。

图 5-21　风的力度设置面板

5. 添加水面效果

在 Unity 的早期版本中会附带一个资源包，里面包含了自然场景包、效果素材包、粒子效果包、2D 素材、角色控制等。在 Unity 新的版本中资源包整合到 Hub 的学习模块中的资源里面，如图 5-22 所示。

图 5-22　资源模块

Standard Assets 系统的素材资源，新的资源包里面除了原来的内容外，还增加字体、物理材质等一些资源，如图 5-23 所示。单击"开始"按钮，素材将安装到当前项目中，水面效果就在 Environment（环境资源包）文件夹中，这里面包含了两种水的效果：Water 和 Water（Basic），前者的水更清澈透明，后者水的颜色更蓝，透明度相对较低，这里选择第一种。进入 Water 文件夹，还包含两个水面效果：Water 和 Water4，Water 里面是圆形的水面效果，Water4 里面是方形的水面效果。此次选择 Water 效果，进入 Water 文件夹后包含了多个文件夹，选择 Prefabs（预制体），在这个预制体中还包含两个效果：WaterProDaytime 和 WaterProNighttime（在夜晚黑暗光线下的水面的效果，二者主要是反射效果不同）。将 WaterProDaytime 拖动到场景中，如果水面效果比较小，可以通过调整水面物体的 Transform 组件中的 Scale 值放大水面。

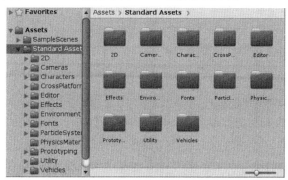

图 5-23　Standard Assets 资源文件

6. 添加雾效

在 Unity 中还可以为环境添加雾的效果，添加方法非常简单，首先需要打开对应的窗口，在上面菜单栏中选择 Window→Rendering→Lighting Settings 命令，弹出 Lighting 窗口，找到 Other Settings 窗口，勾选 Fog，给场景添加雾效，如图 5-24 所示。

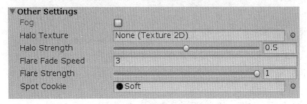

图 5-24　雾效设置面板

5.4.2　音频系统

Unity 的音频系统所支持的格式有很多，有 Ogg、AIFF、Wav、Mp3 等，最常用格式是 Wav、Mp3。Wav 格式文件较大，不需要解码，Mp3 文件相对较小，但是需要解码器。

Unity 的音频系统包含很多小的组件，最常用两个组件是 Audio Listener 和 Audio Source。

1. Audio Listener（音频侦听器）

从字面上理解就是"声音倾听者"，用来倾听场景中的声音，通常场景中只需要一个 Audio Listener，在 Camera 物体上会自带 Audio Listener，当场景中多建一个 Camera 时，应删除一个，使场景中的声音侦听器保持一个。为物体添加该组件，可以先选中该物体，在菜单栏找到 Component→Audio→Audio Listener 命令，单击模块添加，或者通过单击属性面板中的 Add Component 按钮，在弹出的列表中逐级找到对应组件，也可以通过搜索找到对应组件，如图 5-25 所示，这两种添加组件的方式不仅适用于 Audio Listener 组件，所有的组件都可以使用这种方法添加。

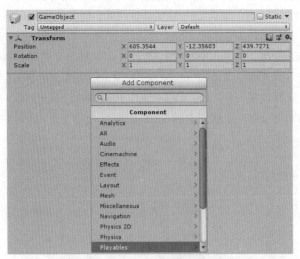

图 5-25　Add Component 组件添加

Audio Listener 组件添加到物体上之后，如图 5-26 所示，可以看到这个组件名之前有个勾选项，大多数组件名之前都有个勾选项，该勾选项为 True 则表示启用该组件，勾选为 False 则表示停用该组件，此道理适用于所有组件。

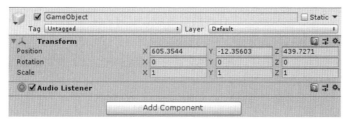

图 5-26　组件添加成功

什么是组件？组件就是代码程序，和自己写的代码没有什么不同，组件只不过被系统进行了封装，对组件的引用、对组件公共变量的调用和调用自己写的代码中的变量是一样的。

2. Audio Source

Audio Source 从字面上理解就是"声音来源"，用来发声。Unity 中的声音分为两种：一种是 3D 声音，一种是 2D 声音。3D 声音就是完全模拟现实世界中的声音，Unity 是一款 3D 游戏引擎，任何游戏最根本都是一个模拟的过程，当然也要模拟声音，现实世界声音的特点是随着距离的增加音量会衰减。也就是说离声源越远听到的声音越小，而 2D 声音则不会发生衰减。

Audio Source 组件，如图 5-27 所示，在 Audio Source 组件下有很多公共属性。AudioClip 是一个类，表示声音片段，可以理解成一个声音文件，Unity 所支持的音频文件可以为这个变量赋值，拖动这个变量到对应的窗口中。如果在代码中调用这个变量时，要调用的变量名字是 clip，而不是 AudioClip。

Output：音频输出的组件，用来调整声音输出效果，如空旷音效等。

Mute：静音，如果勾选此变量，播放是没有声音的。

Bypass Effects：直通效果。

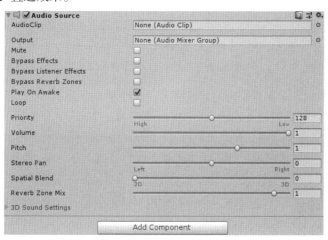

图 5-27　Audio Source 组件

Bypass Listener Effects：是否忽略 Listener 上应用的效果。

Bypass Reverb Zones：是否忽略混响区域。

Play On Awake：唤醒时播放，如果勾选，一进入场景就会开始播放。

Loop：循环，如果勾选，音频会循环播放。

Priority：优先权，确定当前场景中声音的播放顺序。数值越小优先级越高。

Volume：音量，通过滑块调整声音的大小。

Pitch：播放速度，通过滑块调整声音的播放速度，1 为正常速度。

Stereo Pan：立体声，0 代表立体声，–1 代表左声道，1 代表右声道。

Spatial Blend：空间声音的混合，通过滑块调整声音的 2D、3D 效果，值为 0 代表声音是 2D 声音，1 代表声音是 3D 声音。

Reverb Zone Mix：设置音源对混响区域的混合系数。

以上的公共属性，较常用的有 AudioClip、Play On Awake、Loop、Volume，其他的属性用得相对较少。

3D Sound Settings：3D 声音设置，如果声音是 3D 声音，该属性才有效。3D 声音设置面板如图 5–28 所示。

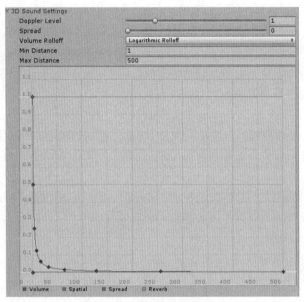

图 5–28　3D 声音设置面板

图 5–28 中曲线表示音量根据距离的衰减情况。通过这条曲线可以看出音量在 0 ~ 30 m 距离内衰减得最快，30 m 之后衰减速度减缓。Min Distance、Max Distance 分别代表音量最小距离（最小值表示这个范围内声音不衰减）和最大距离。Volume Rolloff 是曲线单独衰减的模型，分为三种：Logarithmic Rolloff（对数衰减）、Linear Rolloff（线性衰减）、Custom Rolloff（自定义衰减）。

3. 其他组件

Audio 还有一些组件，多是混音器，用来调整声音输出效果。其使用的次数并不多，在此只将各个组件的名字列出，不再具体讲解。

Audio Reverb Zone：音频混响。

Audio Low Pass Filter：音频低通滤波器。

Audio High Pass Filter：音频高通滤波器。

Audio Echo Filter：音频回声滤波器。

Audio Distortion Filter：音频失真滤波器。

Audio Reverb Filter：音频混响滤波器。

Audio Chorus Filter：音频合声滤波器。

4．Audio 类常用的代码方法

（1）Play()：播放音频

语法结构：public void Play();

所属类：AudioSource;

方法解析：实例方法，需要用"实例."的形式调用该方法。实现该 AudioSource 实例的播放。

举例：AudioSource as=new AudioSource();//创建 AudioSource 实例。

　　　as.Play();//as 实例开始播放。

以下实例统一用 as 表示 AudioSource 类变量，用来存放 AudioSource 实例，不再单独定义。

（2）Stop()：停止音频

语法结构：public void Stop();

所属类：AudioSource;

方法解析：实例方法，需要用"实例."的形式调用该方法。实现该 AudioSource 实例的停止。再次播放是从头开始播放。

举例：as.Stop();//as 实例停止。

（3）Pause()：暂停音频

语法结构：public void Pause();

所属类：AudioSource;

方法解析：实例方法，需要用"实例."的形式调用该方法。实现该 AudioSource 实例的暂停。再次播放是从暂停的地方播放。

举例：as.Pause();//as 实例暂停。

（4）PlayOneShot()，播放一次

语法结构：public void PlayOneShot(AudioClip clip);

所属类：AudioSource;

方法解析：实例方法，需要用"实例."的形式调用该方法。实现 AudioSource 实例的一次播放。该方法包含一个参数，参数是要播放的音频。该方法有一个重载方法，包含两个参数，除了上面说的那个外，还有个 float 的参数，目的是控制播放音量，如果不填，默认值为 1。

举例：as.PlayOneShot(声音变量);

　　　as.PlayOneShot(声音变量,1);

（5）PlayClipAtPoint()，在场景中的某点坐标播放声音

语法结构：public static void PlayClipAtPoint(AudioClip clip,Vector3 position);

所属类：AudioSource;

方法解析：静态方法，需要用"类名."的形式调用该方法。调用时不需要 AudioSource 实例的一次播放。该方法包含两个参数，第一个参数是要播放的声音，第二个参数是声源坐标。

举例：AudioSource.PlayClipAtPoint（声音变量名,new Vector3(1,1,1)）;//在坐标 1.1.1 的点播放声音。

5.4.3　物理系统

Unity 的软件是一款非常优秀的游戏引擎，其中一个原因就是 Unity 为开发游戏提供了很大的便利，其中物理系统就是一个非常方便的工具，可以想象制作任何一款游戏，都离不开物体之间

的物理响应，从而使游戏对象表现出与现实相似的各种物理行为。

Unity 中内置了两种独立的物理引擎，分别是 3D 物理引擎和 2D 物理引擎。这两种物理引擎使用方法非常相似，只是使用的组件不一样，分别为 Rigidbody 和 Rigidbody2D。

1. Rigidbody（刚体）组件

物体系统中的 Rigidbody 组件为物体提供物理属性（见图 5-29），组件 Collider 提供物理轮廓，通常这两个组件组合使用，才能达到现实中物体的物理效果。

Mass：质量，用于调整设置游戏对象的质量（同场景内的物体质量差距不要过大，最好控制在 100 倍以内）。

Drag：阻力，当游戏对象运动时受到的阻力，0 表示没有阻力。

Angular Drag：角阻力，当游戏对象旋转的时候受到旋转阻力，0 表示没有阻力。

Use Gravity：使用重力，勾选此项，表示该对象会受到重力的影响，重力加速度的值是-9.8f。

Rigidbody	
Mass	1
Drag	0
Angular Drag	0.05
Use Gravity	✔
Is Kinematic	☐
Interpolate	None
Collision Detection	Discrete
▼ Constraints	
Freeze Position	☐X ☐Y ☐Z
Freeze Rotation	☐X ☐Y ☐Z
▶ Info	

图 5-29　Rigidbody 组件

Is Kinematic：是否开启动力学，如果勾选此项，则游戏对象产生的运动不符合物理学效果。

Interpolate：插值，用于控制刚体运动的抖动情况，包含三个子项，分别是 None（没有插值）、Interpolate（内插值，基于前一帧的值来平滑）、Extrapolate（外插值，基于后一帧的值来平滑）。

Collision Detection：碰撞检测，该属性用于控制避免游戏对象由于速度过快穿过物体而不能触发碰撞的情况，包括四个子项，分别是 Discrete（离线碰撞检测，适用于两个速度较慢的对象的碰撞检测，消耗资源最低）、Continuous（连续碰撞检测，适用于一个快速对象和其他速度较慢的对象的检测，消耗资源较低）、Continuous Dynamic（连续动态碰撞检测，适用于两个快速的物体间的碰撞检测，消耗资源较高）、Continuous Speculative（连续预判性检测），如图 5-30 所示。

Constraints：约束，用来控制物体对碰撞所产生的运动约束（见图 5-31）。

Freeze Position：冻结位置，分成 X、Y、Z 三个方向的控制，能禁止物体沿世界坐标系的三个方向的位移。

Discrete	
✔	Discrete
	Continuous
	Continuous Dynamic
	Continuous Speculative

图 5-30　碰撞检测

Freeze Rotation：冻结旋转，分成 X、Y、Z 三个轴向的旋转，能禁止物体沿世界坐标系的三个方向的旋转。

▼ Constraints	
Freeze Position	☐X ☐Y ☐Z
Freeze Rotation	☐X ☐Y ☐Z

图 5-31　碰撞约束

Rigidbody2D 组件基本和 Rigidbody 组件基本相同，在此不再赘述。

2. Collider 组件

Collider 组件，俗称碰撞器，也分为两类：3D 碰撞器和 2D 碰撞器。和刚体一样，这两种碰撞器都相似，以下我们只讨论 3D 碰撞器。

刚体可以让物体在物理影响下运动，但是如果要让两个物体发生碰撞后有物理效果，就必须再为它们加上碰撞器，两个对象有碰撞体时物理引擎才会计算碰撞，在物理模拟中，没有碰撞体的刚体会彼此相互穿过，而物体能产生碰撞的轮廓就是由碰撞器提供的。

物体发生碰撞的必要条件：两个物体都必须带有碰撞器，其中一个物体还必须带有 Rigidbody 刚体。

在 Unity3d 中，能检测碰撞发生的方式有两种：一种是利用碰撞器，另一种则是利用触发器。

碰撞器是触发器的载体，而触发器只是碰撞器身上的一个属性。当 Is Trigger=false 时，碰撞器根据物理引擎引发碰撞，产生碰撞的效果，可以调用 OnCollisionEnter/Stay/Exit 方法；当 Is Trigger=true 时，碰撞器就变成了触发器，没有碰撞效果，可以调用 OnTriggerEnter/Stay/Exit 方法（关于这几个方法的使用在之前的特有方法中有使用方法）。如果要检测一个物体是否经过空间中的某个区域，这时就可以用到触发器。

碰撞器产生的效果可以理解为硬性碰撞，碰撞的两个物体不会相互进入，只能接触，就像两个现实世界中的人物碰撞到墙上一样。触发碰撞可以理解为软性碰撞，碰撞的两个物体可以相互进入，通过用触发器来模拟类似陷阱、机关之类的效果。

（1）碰撞器的类型

碰撞器分为 Box Collider（盒子碰撞器）、Sphere Collider（球形碰撞器）、Capsule Collider（胶囊体碰撞器）、Mesh Collider（网格碰撞器）、Wheel Collider（车轮碰撞器）。

①Box Collider（盒子碰撞器），如图 5-32 所示。

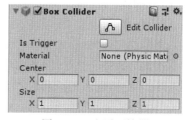

Edit Collider：编辑碰撞器，单击该按钮后，物体会出现一个外轮廓，并出现六个绿色的小方块，用鼠标拖动小方块可以更改碰撞器的轮廓，但是所有碰撞器轮廓的修改，都只能进行缩放，不能更改轮廓外形。

Is Trigger：勾选该选项，则将该碰撞器改为触发器。

Material：材质。在 Unity 中有两种材质：第一种是日常

图 5-32　盒子碰撞器

游戏对象上的纹理材质，主要为物体提供表面纹理、色彩、放射、折射等功能，类似于现实世界物体的表皮；第二种是物理材质，这种材质是体现物体的物理表面属性，如表面摩擦力、反弹力等，通过物理材质，就能模拟出冰、木、金属、橡胶各种物体在发生碰撞后的不同效果。那么如何分辨该材质是物理材质还是纹理材质呢？最简单的方法是查看其变量。如果在没有给材质变量赋值时，None（Material）表示该材质是纹理材质；如果是 None（Physic Material）则表示是物理材质。材质设置如图 5-33 所示。

图 5-33　材质设置

Center：中心位置，三维变量，碰撞器中心在物体局部坐标系中的位置。

Size：大小，三维变量，表示碰撞器在 X、Y、Z 方向上的大小。

其他碰撞器的设置和 Box 碰撞器的设置基本相同，唯一不同的地方是碰撞器大小的设置。

②Sphere Collider（圆形碰撞器），如图 5-34 所示。

Radius：半径，球体碰撞器的半径。

③Capsule Collider（胶囊体碰撞器），如图 5-35 所示。

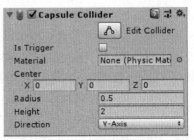

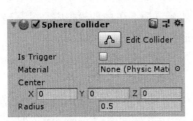

图 5-34　圆形碰撞器　　　　　　　　图 5-35　胶囊体碰撞器

Radius：半径，胶囊体碰撞器两端球体的半径。

Height：高度，胶囊体碰撞器中部圆柱的高度。

Direction：方向，胶囊体碰撞器中圆柱的纵向方向所对应的坐标轴，默认是 Y 轴。

④Mesh Collider（网格碰撞器），如图 5-36 所示，网格碰撞器多用在需要为物体精确提供碰撞范围的时候，网格碰撞器可以根据物体的实际轮廓形成碰撞器，但是消耗资源较多。

Mesh：网格，获取游戏对象的网格并将其作为碰撞器。

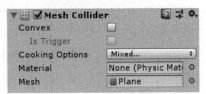

⑤Wheel Collider（车轮碰撞器），车轮碰撞器不同于上面所提到的各种碰撞器，它是一个非常特殊的碰撞器，只针对地面车辆应用的特殊碰撞器。以上所提到的碰撞器只是单纯地提供一个碰撞轮廓，而车轮碰撞器仅提供碰撞轮廓的半径，并没有提供碰撞轮廓的厚度。在使用中，同时

图 5-36　网格碰撞器

为物体添加 Rigidbody 组件，否则无法在 Scene 场景中看到碰撞器轮廓。车轮碰撞器的底部有一个碰撞器，最终这一点为车轮和地面的接触点，除此之外它内置的碰撞检测、车轮物理系统等多种模拟车轮物理运动的属性和功能，例如车轮的摩擦力、车体的质量、车辆的悬挂系统、motorTorque（发动机转矩）、brakeTorque（制动转矩）和 steerAngle（转向角）等。通过这些属性就可以非常容易且逼真地制作汽车的运动。

Mass：质量。设置车轮碰撞器的质量。

Radius：半径。设置车轮碰撞器的半径。

Wheel Damping Rate：车轮的阻力值。用于设置车轮的阻力比例。

Suspension Distance：悬挂距离。以车轮碰撞器的局部坐标来计算，设置车轮碰撞器到悬挂的最大距离，如图 5-37 所示。

Force App Point Distance：力应用点的距离，用于设置车轮力作用点与车轮水平最低点之间的距离。当该参数为 0 时，车轮力将被应用于沿其父物体 Y 轴方向 Wheel Collider 的最低点上，也就是轮胎碰撞器底部的物体上，从经验上说，将该点放置于略低于车辆质量中心点的位置效果更好。车轮碰撞器组件所有属性如图 5-38 所示。

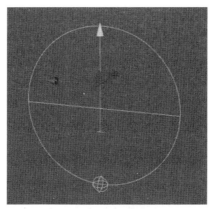

图 5-37　悬挂距离

Wheel Collider	
Mass	20
Radius	0.5
Wheel Damping Rate	0.25
Suspension Distance	0.3
Force App Point Distance	0
Center	X 0　Y 0　Z 0
Suspension Spring	
Spring	35000
Damper	4500
Target Position	0.5
Forward Friction	
Extremum Slip	0.4
Extremum Value	1
Asymptote Slip	0.8
Asymptote Value	0.5
Stiffness	1
Sideways Friction	
Extremum Slip	0.2
Extremum Value	1
Asymptote Slip	0.5
Asymptote Value	0.75
Stiffness	1

图 5-38　车轮碰撞器属性面板

Center：中心。设置车轮碰撞器在其对应的游戏对象自身坐标的中心。

Suspension Spring：悬挂弹簧，包含三个子项：Spring（弹簧）、Damper（阻力）、Target Position（目标位置，悬挂沿着其方向上静止时的距离）。

Forward Friction：向前摩擦力，当轮胎向前滚动时产生的摩擦力数值，包含四个子项，Extremum Slip（滑动极值）、Extremum Value（极限值）、Asymptote Slip（滑动渐进值）、Asymptote Value（渐近值）。

Stiffness：刚性因子，用来和极限值与渐近值相乘，（默认为1），刚度变化的摩擦，来模拟车轮摩擦效果，设置为零时禁用所有的车轮摩擦。一般在运行时通过类修改该值来模拟各种地面材料。

Sideways Friction：侧向摩擦力，当轮胎侧向滚动时的摩擦力属性，包含四个子项，Extremum Slip（滑动极值）、Emtremum Value（极限值）、Asymptote Slip（滑动渐进值）、Asymptote Value（渐近值）。

Stiffness：刚性因子，用来和极限值与渐近值相乘（默认为 1），刚度变化的摩擦来模拟车轮摩擦效果，设置为零时禁用所有的车轮摩擦。一般在运行时通过类修改该值来模拟各种地面材料。

（2）其他物理组件

物理系统所包含的组件很多（见图 5-39），下面仅简单描述各个组件名称及作用，具体用法不再一一赘述。

Cloth：布料组件，可以模拟类似布料的状态，比如飞扬的旗帜。

Hinge Joint：铰链关节，使用铰链关节，需要对该游戏对象添加刚体组件，铰链关节用来模拟被金属链连接的两个游戏对象，会对连接的游戏对象的刚体进行约束。该组件适用于模拟钟摆、铁链类的物体。

图 5-39　其他物理组件列表

Fixed Joint：固定关节，需要对该游戏对象添加刚体组件，该组件用于约束一个游戏对象对另一个游戏对象的运动。类似于对象的父子关系，但它是通过物理系统来实现，而不像父子关系那样是通过 Transform 属性来进行约束。该组件连接的两个游戏对象一个是相对运动的，另一个相对不动。适用于类似一端镶嵌在墙上的铁链。

Spring Joint：弹簧关节。弹簧关节组件可将两个刚体连接在一起，使其像连接着弹簧那样运动。

Character Joint：角色关节。角色关节主要用于表现布娃娃效果，它是扩展的球关节，可用于限制关节在不同旋转轴下的旋转角度。

Configurable Joint：可配置关节。可配置关节组件支持用户自定义关节，它开放了 PhysX 引擎中所有与关节相关的属性，因此可像其他类型的关节那样来创造各种行为。

Constant Force：物理力场，力场是一种为刚体快速添加恒定作用力的方法，适用于类似火箭发射出来的对象，这些对象在起初并没有很大的速度，但却在不断地加速。

3. 刚体类常用的代码方法

刚体类中除了下面要讲到的方法，还有很多属性变量，这些变量在上面提到的面板中都有讲过，可以通过调取实例属性的方式调取，此处不再赘述。

（1）AddForce()：添加力

语法结构：public void AddForce(Vector3 force);

所属类：Rigidbody;

方法解析：实例方法，需要用"实例."的形式调用该方法。实现该 Rigidbody 实例添加一个力，力的方向沿着向量 force 的方向，力的大小为 force 的模。

例子：Rigidbody r=new Rigidbody();//创建 Rigidbody 实例。

　　　r.AddForce(transform.forward);//给 r 添加一个沿自身前方向移动的力，力的大小是 1。

以下实例统一用 r 表示 Rigidbody 类变量，用来存放 Rigidbody 实例，不再单独定义。

AddForce()是重载方法，其他重载方法如下：

```
public void AddForce(Vector3 force, ForceMode mode);
public void AddForce(float x, float y, float z);
public void AddForce(float x, float y, float z, ForceMode mode);
```

X、Y、Z 的参数是将向量 force 三个分量分别写出来。

ForceMode 是一个枚举类型的变量，包含四个枚举值，表示的意思是对 Rigidbody 实例添加的力是什么类型。

- ForceMode.Force：为一个 Rigidbody 实例添加一个可持续力，计算时要考虑实例的质量。
- ForceMode.Acceleration：为一个 Rigidbody 实例添加一个可持续加速度力，计算时忽略实例的质量。
- ForceMode.Impulse：为一个 Rigidbody 实例添加一个瞬间冲击力，计算时要考虑实例的质量。
- ForceMode.VelocityChange：为一个 Rigidbody 实例添加一个瞬间速度变化到刚体，计算时要考虑实例的质量。

（2）AddForceAtPosition()：添加点作用力

语法结构：public void AddForceAtPosition(Vector3 force, Vector3 position);

所属类：Rigidbody;

方法解析：实例方法，需要用"实例."的形式调用该方法。实现该 Rigidbody 实例的一个位置点添加一个力，力的方向沿着参数向量 force 的方向，力的大小为 force 的模，position 是力的作用点。

AddForceAtPosition()方法和 AddForce()方法的不同之处在于，AddForce()对实例使用后，实例会沿着力的方向移动，不会产生旋转，力相当于作用在实例中心；AddForceAtPosition()对实例使用后，力的作用点不在中心，受力的实例会产生一个力矩和一个扭矩，会边旋转边移动。

例子：r.AddForceAtPosition(transform.forward,new Vector3（1,1,1,）);//给 r 添加一个沿自身前方向移动的力，力的大小是 1，力的作用点在坐标 1,1,1 的位置。

（3）AddExplosionForce()：添加爆炸力

语法结构：public void AddExplosionForce(float explosionForce,Vector3 explosionPosition, float explosionRadius);

所属类：Rigidbody;

以下重载方法：

```
public void AddExplosionForce(float explosionForce,Vector3 explosionPosition,
float explosionRadius,float upwardsModifier,
  ForceMode mode);
  public void AddExplosionForce(float explosionForce, Vector3 explosionPosition,
float explosionRadius, float upwardsModifier);
```

方法解析：实例方法，需要用"实例."的形式调用该方法。实现在世界坐标下产生一个力，力的位置参照 explosionPosition，力的位置可以在物体轮廓之外，力的大小依照 explosionForce，力的作用范围半径 explosionRadius，方法内部可以根据力的大小、位置、范围计算力对物体产生的影响。

例子：r.AddExplosionForce(10,new Vector3(1,1,1),20);//在世界坐标系下 1,1,1 的点产生一个力，力的大小为 10，力的作用范围是 20。

在重载方法中，相比基本方法增加了两个参数：

float upwardsModifier，为爆炸力在 Y 轴上的偏移 ForceMode mode，这个参数讲述过，不再赘述。

（4）AddTorque()：添加扭矩

语法结构：public void AddTorque(Vector3 torque);

所属类：Rigidbody;

方法解析：实例方法，需要用"实例."的形式调用该方法。对实例对象添加一个扭矩，实例将以自身中心点为中心，参数 torque 方向为轴向旋转，旋转速度为参数向量的模长。

例子：r.AddTorque(new Vector3);//实例 r 以自身中心点为中心，向量 1,1,1 为方向为轴旋转，旋转速度为 1。

AddForce()是重载方法，其他重载方法如下：

```
public void AddTorque(float x, float y, float z, ForceMode mode);
public void AddTorque(Vector3 torque, ForceMode mode);
public void AddTorque(float x, float y, float z);//新添加的参数和 AddForce 的方
法参数相同，不再赘述。
```

（5）SweepTest()：检测第一个碰撞器

语法结构：public bool SweepTest(Vector3 direction, out RaycastHit hitInfo);

所属类：Rigidbody;

重载方法：public bool SweepTest(Vector3 direction, out RaycastHit hitInfo,float maxDistance);

publicboolSweepTest(Vector3direction,outRaycastHit hitInfo,floatmaxDistance,QueryTriggerInteraction queryTriggerInteraction);

方法解析：实例方法，需要用"实例."的形式调用该方法。该方法用来检测以实例中心为起点，沿着参数 Direction 的方向上是否有碰撞器，该方法有返回值，返回一个 bool 值，true 表示检测到碰撞器，false 表示没有检测到碰撞器。该方法中有一个 out RaycastHit hitInfo 参数，RaycastHit 是一个射线碰撞信息类，用来保存射线碰撞物体所产生的信息，里面包含所碰到的物体、碰撞点的坐标等。

关键字 out 的意思是可以在方法内部对参数变量进行更改，方法在通常情况下是不能更改传入方法中的参数变量在方法外的原始值的，但是通过 out 可以实现这一功能，这么做的目的一般是因为我们需要一个方法返回两个有用的数据，但是利用常规的 return()方法只能返回一个数据，所以需要使用 out 来返回第二个返回值。例如，当前 SweepTest()方法，它常规会返回一个是否碰撞到碰撞器的 bool 值，还会 out 出对应的碰撞器的碰撞信息。

该方法的检测只检测碰到的第一个碰撞器，检测到第一个，方法即结束。

例子：r.SweepTest(transform.forward,out RaycastHit hitInfo);//检测实例 r 的前方向是否有碰撞器，如果有则返回 true，并将产生的碰撞信息存入变量 hitInfo 中，如果没有则返回 false。

该方法的两个重载主要是多了两个参数：float maxDistance，是为检测增加了一个最大检测距离，限制了检测的长度；queryTriggerInteraction 是用来设置检测的过程中是否检测触发器。

（6）SweepTestAll()：检测所有碰撞器

语法结构：public RaycastHit[] SweepTestAll(Vector3 direction, outRaycastHit hitInfo);

所属类：Rigidbody;

方法解析：SweepTestAll 方法和 SweepTest 方法类似，区别在于 SweepTest 只检测碰到的第一个碰撞器，而 SweepTestAll()方法获取碰撞的所有碰撞器。

4. 物理管理器

在物理管理器中可以设置场景中所有物理效果的一些参数，例如，重力加速度、反弹力等。物理管理器所设置的是世界的物理属性，刚体所设置的是物体自身的物理属性。

物理管理器可通过 Edit→Project Settings→Physics 菜单找到。

物理面板列举了部分参数，如图 5-40 所示，通常这个面板最常用的是物理的重力效果。

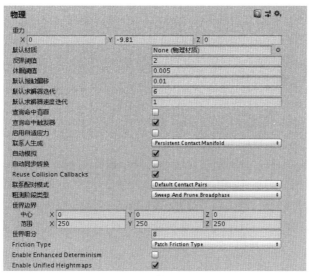

图 5-40   物理面板

重力：重力加速度。

默认材质：用于调整摩擦力和碰撞单位之间的反弹效果。

反弹阈值：速度小于这个值的时候，就不再反弹。

休眠阈值：当速度小于这个值，则静止。

默认接触偏移：碰撞接触后产生的距离。

默认求解器速度迭代：反弹后速度的精度。

查询命中背面：是否帮助背面。

查询命中触发器：是否接受触发器响应。

联系人生成：处理和旧版内容接触时的效果。

自动模拟。

自动同步转换。

Reuse Collision Callbacks：重新使用碰撞的回调方法。

Friction Type：摩擦力类型，分为补充摩擦、单向摩擦、双向摩擦。

5. 物理类常用的代码方法

Physics 类是 Unity 中各处理物理相关功能的类，里面包含了全局物理属性和辅助方法，该类下的方法和属性都是静态，下面我们依次讲解。

（1）gravity：检测所有碰撞器

语法结构：public static Vector3 gravity { get; set; }

所属类：Physics；

方法解析：场景重力加速度。

（2）RayCast：射线碰撞检测

语法结构：public static bool Raycast(Ray ray, out RaycastHit hitInfo);

所属类：Physics；

重载方法：public static bool Raycast(Ray ray, out RaycastHit hitInfo, float maxDistance);

public static bool Raycast(Ray ray, out RaycastHit hitInfo, float maxDistance, int layerMask);

方法解析：射线检测。使用方法和 RigidBody 类下的 Sweep Test() 相似，方法会有一个返回值，如果射线碰到物体则返回 true，否则返回 false，ray 为需要检测的射线，hitInfo 是碰撞信息，该方法有多个重载方法，maxDistance 是射线长度，layerMask 为层号，通过这个内容，可以控制射线只对某一层进行碰撞检测。

（3）RaycastAll，射线碰撞检测

语法结构：public static RaycastHit[] RaycastAll(Ray ray);

所属类：Physics;

重载方法：public static RaycastHit[] RaycastAll(Ray ray, float maxDistance);

public static RaycastHit[] RaycastAll(Ray ray, float maxDistance, int layerMask);

方法解析：射线全部碰撞检测。该方法和 RigidBody 类下的 SweepTestAll() 相似，方法会返回一个碰撞信息数组，将所有碰到的物体碰撞信息都放到这个数组中。ray 是需要检测的射线，maxDistance 是射线长度，layerMask 需要进行碰撞检测的层号。

除了射线检测，还有 LineCast 线段检测，和射线方法基本相同，BoxCast 盒子射线检测，和射线方法类似，不过发射出去的是一个 Box 的图形，而不是一条线，SphereCast 球形射线检测，CapsuleCast 胶囊射线检测。

（4）CheckSphere，检测虚拟 Sphere 在世界空间坐标系中是否和碰撞器重叠

语法结构：public static bool CheckSphere(Vector3 position, float radius);

所属类：Physics;

重载方法：public static bool CheckSphere(Vector3 position, float radius, int layerMask);

方法解析：在空间中一点设置一个虚拟的球形碰撞器，检测是否有物体与该球体发生碰撞，如果有，则返回 true，否则返回 false，postion 为坐标，radius 为半径，layerMask 是要进行检测的层级。

同类的方法还有 CheckBox、CheckCapsule。

（5）OverlapSphere，返回球内或与之接触的所有碰撞器

语法结构：public static Collider[] OverlapSphere(Vector3 position, float radius);

所属类：Physics;

重载方法：public static Collider[] OverlapSphere(Vector3 position, float radius, int layerMask);

方法解析：在空间中一点设置一个虚拟的球形碰撞器，检测是否有物体与该球体发生碰撞，将所有与之发生碰撞的碰撞体存到一个数组中通过方法返回，postion 为坐标，radius 为半径，layerMask 是要进行检测的层级。

同类的方法还有 OverlapBox、OverlapCapsule。

6. 物理材质

物理材质是模拟物体的表面物理效果的材质（界面见图 5-41）。

Dynameic Friction：动态摩擦力，当物体移动时的摩擦力。通常为 0 到 1 之间的值。值为 0 的效果像冰；设为 1 时，物体运动将很快停止，除非有很大的外力或重力来推动它。

Static Friction：静态摩擦力，当物体在表面静止时的摩擦力。通常为 0 到 1 之间的值。当值为 0 时，效果像冰；当值为 1 时，使物体移动十分困难。

Bouncyness：反弹力，值为 0 时没有反弹力，值为 1 时不发生力的衰减。

Friction Combine：摩擦力组合方式，两个碰撞物体的摩擦力如何相互作用，有四种子项，四

种计算方式：Average（平均值）、Min（最小值）、Max（最大值）、Multiply（两个值的乘积）。

Bounce Combine：反弹力组合方式，定义两个碰撞物体的反弹力如何相互作用。

图 5-41　弹力组件

7. 角色控制器

角色控制器是 Unity 自带的一个控制角色移动旋转的组件（见图 5-42），角色控制器允许游戏开发者在受制于碰撞的情况下发生移动，而不用处理刚体。

图 5-42　角色控制器

角色控制器不会受到力的影响，在游戏制作过程中，游戏开发者通常在任务模型上添加角色控制器组件进行模型的模拟运动。

Slope Limit：坡度限制。

Step Offset：台阶高度。

Skin Width：皮肤厚度。

Min Move Distance：最小移动距离。

Center：中心。

Radius：半径。

Height：高度。

角色控制器不会对施加给它的作用力做出反应，也不会作用于其他刚体，如果想起作用，通过 OnControllerColliderHit(ControllerColliderHit hit)方法，在与其碰撞的对象上使用一个作用力。

5.4.4　UGUI

UGUI 系统是从 Unity 4.6 版本以后提供的新 UI 系统，相较之前的 GUI 系统，使用起来方便快捷，可视化效果好。UGUI 系统提供了很多常用的组件，可以使用用户在不使用任何代码的前提下，就可以简单快速地建立起一套 UI 界面。

1. Canvas

每一个 UI 控件都需要放到 Canvas（画布），当创建或没有 Canvas，系统会默认或自动创建一个 Canvas。Canvas 下有三个组件，分别是：Canvas、Canvas Scaler、Graphic Raycaster。

（1）Canvas 组件

Canvas 组件下的 Render Mode（渲染模式）一共有三种。

①Screen Space-Overlay（最终模式），此模式不需要 UI 摄像机，UI 将永远出现在所有摄像机的最前面，组件面板如图 5-43 所示。

图 5-43　画布最终模式

Pixel Perfect：是否应该在没有反锯齿的情况下进行精确渲染，之后的组件中也都有这个属性，表示意思是相同的，下文不再重复介绍。

Sort Order：如果在一个场景中设有多个 Canvas，那么画布之间会出现遮挡的情况。可以通过该值排列显示顺序，值最大的显示在前面。

②Screen Space-Camera（摄像机模式），组件面板如图 5-44 所示。

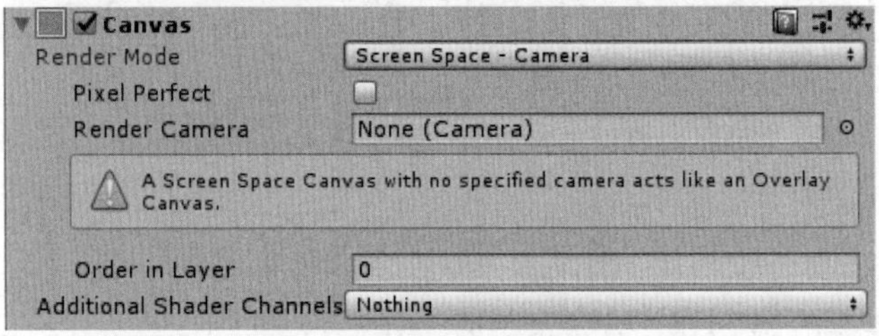

图 5-44　画布摄像机模式

Render Camera：UI 会渲染到那一台摄像机画面上。

Plane Distance：UI 平面和摄像机的距离，这里的 UI 平面相当于一块背景幕布，这个距离就是幕布与摄像机间的距离，如果这个距离之间有物体存在，那么这个物体则会挡住 UI 画面。

Order in Layer：在同一层内的显示优先级值，最大的显示在前面。

③World Space（世界模式），这个就是完全 3D 的 UI，可以理解为 3D 空间中的一张纸，血条的例子大多都采用它，组件面板如图 5-45 所示。

图 5-45　画布世界模式

Event Camera：用于处理 UI 事件的摄像机。

Sorting Layer：渲染层级的顺序的控制。

Order in Layer：在同一层内的显示优先级值，最大的显示在前面。

下面总结一下这三种 Canvas 模式，为了方便理解这三种模式，先举个例子，在拍摄综艺晚会类节目时，不只一台摄像机在工作，而是需要很多个摄像机在不同位置录制不同角度的画面，而这些画面汇总到一个控制室，由控制室来决定此刻将哪组视频信号呈现给观众，发送给千家万户的只有一个组合过的视频信号。这个视频信号就是上文中提到的 Screen Space-Overlay（最终模式）的画面，而在录制的过程中那些不同的机位就是 Screen Space-Camera（摄像机模式），由此不同模式的 UI，其显示的情况也就不同。首先，Screen Space-Overlay（最终模式）的 UI 将永远在画面最上层，无论期间切换了多少个摄像机，因为是在最终的画面上加 UI。如果 UI 是加到 Screen Space-Camera（摄像机模式）上，那么需要选择加载到具体的哪一台摄像机上，Camera 进行切换时，只有切换到这个摄像机画面时才能看到对应的 UI，也就是说可以为每个摄像机都做一个 UI，这样在切换 Camera 时，就可以看到不同的 UI。第三种 World Space（世界模式），这里的 UI 实际上是作为一个三维空间中的物体出现，可以不作为 UI 理解，直接理解为三维空间中的一块幕布。

（2）Canvas Scaler 组件

Canvas Scaler 组件是用来设置画布自适应的一个组件，有三种模式。

①Constant Pixel Size 模式，使 UI 元素保持相同的像素大小，无论屏幕大小如何，如图 5-46 所示。

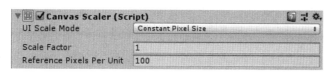

图 5-46 Canvas Scaler 组件 Constant Pixel Size 模式

Scale Factor：输入的值越大，UI 元素越大。

Reference Pixels Per Unit：如果一个精灵有这个"像素单位"设置，那么精灵中的一个像素将覆盖 UI 中的一个单元。如 100 表示 Unity 里的 1 单位大小代表 100 像素。其他模式下也有该属性，意思相同，下文不再赘述。

②Scale With Screen Size 模式，如图 5-47 所示，可以根据屏幕的大小进行缩放，在此模式下有三种不同的缩放方式。

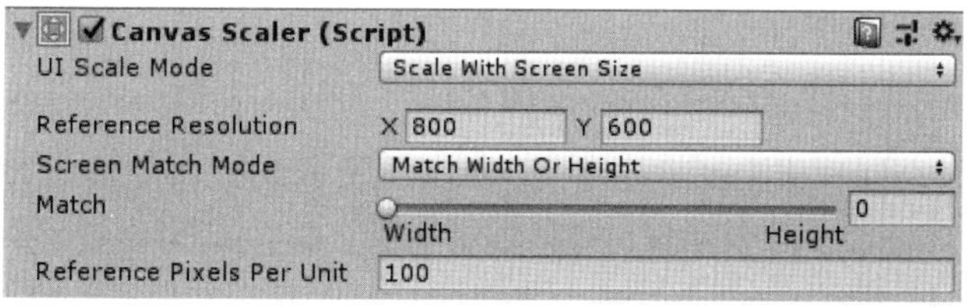

图 5-47 Canvas Scaler 组件 Scale With Screen Size 模式

Reference Resolution：设置主要为参考分辨率大小，在此分辨率下进行设计，随后根据不同的缩放方式适应不同的分辨率。

Screen Match Mode：包括 Match Width Or Height、Expand、Shrink 三种模式。Match Width Or Height 模式，根据 Canvas 的宽度、高度或者一定的比例进行缩放；Expand 模式，Canvas 不会小于设置的分辨率大小；Shrink 模式，Canvas 不会大于设置的分辨率大小。

Match：确定缩放是使用宽度或高度作为参考，还是两者之间的混合。

③Constant Physical Size 模式，使 UI 元素保持相同的物理大小，如图 5-48 所示，而不考虑屏幕大小和分辨率。当选择该模式时，则根据设定好的物理大小进行展示，自适应效果不好。

Physical Unit：用于指定位置和大小的物理单元。

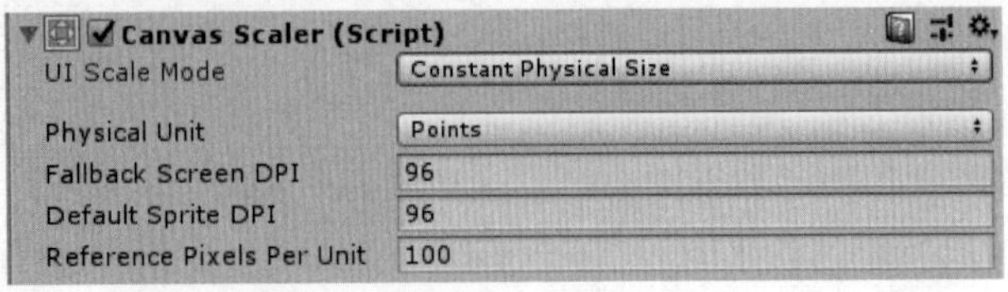

图 5-48　Canvas Scaler 组件 Constant Physical Size 模式

Fallback Screen DPI：对应物理单位的像素密度，不指定屏幕 DPI 时，以这个 DPI 为准。

Default Sprite DPI：默认精灵的像素密度。

（3）Graphic Raycaster 组件

Graphic Raycaster（图形光线投射器）用于在画布上进行光线投射，用来检测该 Canvas 是否支持射线的碰撞检测，其实就是鼠标的单击事件，还可以手动调整检测优先级，如图 5-49 所示。

图 5-49　图形光线投射器

Ignore Reversed Graphics：是否应该考虑背对射线的图形。例如：当图形 Y 轴进行旋转 180°后，此时是背对着画面，这时如果选中此复选框，就会忽略不检测此图形。

Blocked Objects、Blocking Mask：主要用于当 Canvas Component Render Mode 使用 World Space 或 Camera Space 时，UI 前有 3D 或 2D 物体时，将会阻碍射线传递到 UI 图形。

Blocked Objects 是阻碍射线的 Object 类型，Blocking Mask 是用来选择阻碍射线的 Layer 图层，选择中图层将会阻碍射线。

例如：如果画面上有一个 Button 与 Cube 位置故意重叠，现在单击重叠之处会发现 Button 还是会被触发。如果将 Cube 的 Layer 改为 Test01，Blocked Objects 设定为 Three D，Blocking Mask 只勾选 Test01，再次点选重叠区域，会发现 Cube 会阻碍射线检测，此时按钮会接收不到射线，当然也不会有反应。

2. Rect Transform

Rect Transform 组件可以看成 Transform 的 2D 版（见图 5-50），物体上的 Transform 组件是不可以删除的，但是 Rect Transform 组件是可以删除的，删除之前，需要将该物体上所有 UGUI 相关的组件都删除，之后就可以删除 Rect Transform，删除之后，Rect Transform 变成了 Transform。从这里可以看出 Rect Transform 只是 Transform 在 2D 情况下的一个变种。

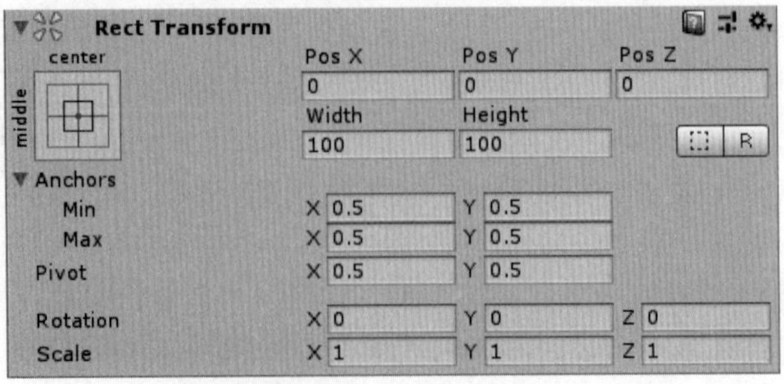

图 5-50　Rect Transform 组件

Pos (X, Y, Z)：相对于锚点的位置。

Width/Height：UI 元素宽度和高度。

Left、Top、Right、Bottom：仅在选择了缩放模式的布局之后才能出现，这四个值表示的是 UI 的四个边界距离锚点矩形边界的距离。例如，Left=5，表示 UI 的左边界距离锚点矩形左边界 5 个像素的距离，UI 比锚点矩形小；如果 Left=−5，则距离也是 5，但是 UI 比锚点图形大，会超出锚点矩形范围。

Anchors：锚点矩形。

Min：锚点矩形左下角位置，按屏幕的比例设置。

Max：锚点矩形右上角位置，按屏幕的比例设置。

Pivot：UI 的中心点的位置，按自身 UI 的比例设置。

Rotation：U 旋转，单位是角度。

Scale：缩放。

需要注意，一些 Rect Transform 运算是在帧末尾执行的，所以首次执行的时候系统不会计算它们，Start()执行 Canvas.ForceUpdateCanvases()方法可以解决。

3. Text（文本控制）简介

非交互式文本框，主要用来显现文本内容，如图 5-51 所示。

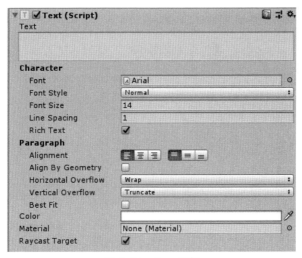

图 5-51　Text 组件

Text：文本。

Font：字体。

Font Style：文本样式，包括 Bold（粗体）、Italic（斜体）、Bold And Italic（粗体和斜体）、Normal（普通）。

Font Size：显示文本的大小。

Line Spacing：行距。

Rich Text：是否为富文本样式。

Alignment：对齐模式。

Align By Geometry：是否使用字形大小的方式对齐。

Horizontal Overflow：宽度不够时，是否换行显示。

Vertical Overflow：高度不够时，是否换行显示。

Best Fit：是否根据文本框大小来自适应文字。

Color：文本的颜色。

Material：文本的材质。

举例：可以单击动态地修改文本内容。

先新建一个 Text 物体并调整好大小，新建一个类，引用命名空间（using UnityEngine.UI;）把它挂到 Text 物体上，定义一个 int 变量 a=0，在 update 里输入下面的内容。

```
if (Input.GetMouseButtonDown(0)){
    a++;
    GetComponent<Text>().text = a+"";
}
```

有两个组件经常和 Text 组件一起使用，分别是 OutLine 和 Shadow，OutLine 会为文字增加一圈描边效果，Shadow 会为文字增加阴影效果。使用方法都是对应文本添加组件的形式使用。

4. Image（图像）

（1）Image 非交互式图像

Image 主要用于制作图标、背景等。Source Image 显示的图像，必须是 Sprite（精灵）。Image 组件如图 5-52 所示。

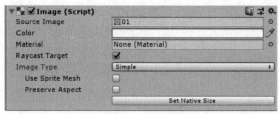

图 5-52　Image 组件

Color：修改图像的颜色。

Material：渲染图像的材料。

Raycast Target：是否可以进行射线检测，如果为否，则可以单击该 Image 后面的 UI。

Image Type：显示图像的类型，选项包括 Simple（标准图片）、Sliced（九宫格切片）、Tille（背景平铺）和 Filled（旋转）。

Preserve Aspect：是否保持图像原始比例的高度和宽度。

Set Native Size：将图像的尺寸设置为图像本身的像素。

（2）如何将图片变成精灵

由于 Image 所支持的图像格式都是 Sprite 格式，所以要将普通图片转换成精灵，找到要转换的图片文件并单击，然后单击 Inspector（属性面板）下的 Texture Type 里的 Sprite 选项，如图 5-53 所示。最后单击 Apply 按钮完成。

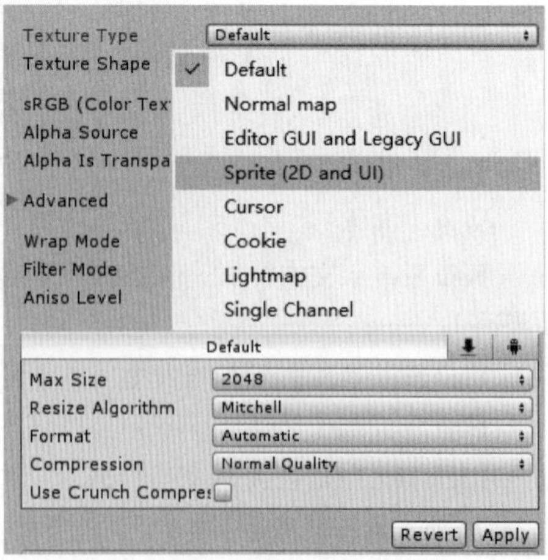

图 5-53　图片变更精灵

（3）举例

用 Image 可以制作技能的冷却效果。首先新建一个 Image 物体并调整好大小，先将要冷却旋转效果的图片转成精灵放入 Source Image，然后把 Image Type 调成 Filled，建一个类，引用命名空间(using UnityEngine.UI)把它挂到 Image 物体上，在 update 里输入下面的内容。

```
GetComponent<Image>().fillAmount -= 0.1f * Time.deltaTime;
```

5．Raw Image（原始图像）

（1）原始图像和图像很像，它们都是向用户显示非交互式图像

可以将其用于装饰或图标等目的，还可以将图像从类更改为反映其他控件中的更改。控件类似于图像控件，但提供了更多的选项来精确填充控制矩形。然而，图像控件要求其纹理为精灵，而原始图像可以接受任何纹理，如图 5-54 所示。

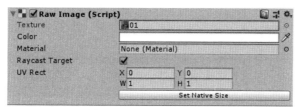

图 5-54　Raw Image 组件

Texture：显示的图像纹理。

Raycast Target：是否让原始图像视为光线投射的目标。

UV Rect：图像在控制矩形内的偏移量和大小，以标准化坐标（范围 0.0 到 1.0）给出。图像的边缘被拉伸以填充 UV 矩形周围的空间。

（2）用 RawImage 制作小地图

新建一个 RawImage、Camera、Render Texture（右击 Assets→Create→Render Texture 命令）把新建的 RenderTexture 放到 RawImage 的 Texture 和 Camera 的 Target Texture，调整 RawImage 大小并放置相应的位置。这样 Camera 所看到的画面就会渲染到 RawImage 上。实现小地图的效果，目前的小地图是一个方形的，如果想要实现一个圆形的小地图，那么需要和 Image 进行配合，新建一个 Image，为这个 Image 添加一个 Mask 遮罩组件，选中一个带有透明通道的圆形图片添加到 Mask 的 Texture 里面，之后将做好的 RawImage 作为 Image 子物体放入，就可以实现圆形的小地图。

6．Button（按钮）

按钮控件是 UGUI 中最常用的一个组件之一，主要用来响应用户的单击，用于发起或确认操作（见图 5-55）。

Interactable（是否可用）：勾选，按钮可用；取消勾选，按钮不可用，并进入 Disabled 状态。该属性在所有可交互组件中都有，下文不再赘述。

Transition（过渡方式）：按钮在状态改变时，自身的过渡方式主要分为赛中状态的变化、默认状态、高亮状态（鼠标指针悬停在按钮上的状态）、单击状态（单击或按钮选中后的状态）、不可单击状态（按钮不可单击时的状态）。具体又分为三种过渡方式：颜色过渡、精灵过渡、动画过渡。

（1）Color Tint（颜色过渡），如图 5-56 所示

Normal Color（默认颜色）：初始状态的颜色。

Highlighted Color（高亮颜色）：鼠标指针悬停在按钮上的颜色。

Pressed Color（按下颜色）：单击或按钮处于选中时的颜色。

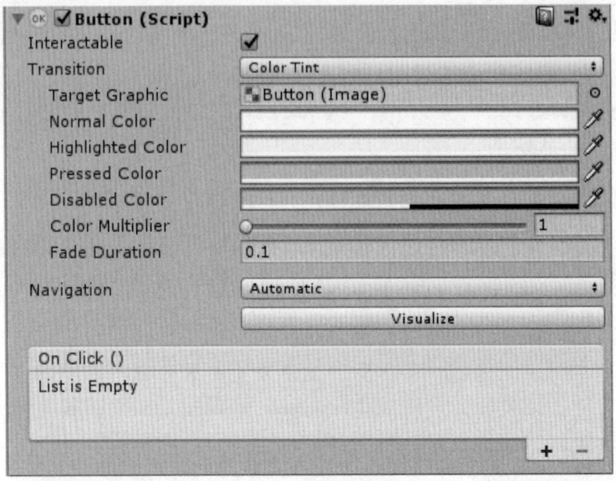

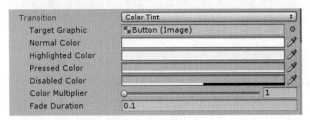

图 5-55　Button 组件

图 5-56　颜色过渡

Disabled Color（禁用颜色）：当按钮不可用时的颜色。

Color Multiplier（颜色切换系数）：各种状态下，颜色变化的时间，数值越大变化得越快。

Fade Duration（衰落延时）：颜色变化的延时时间，数值越大则变化越不明显。

（2）Sprite Swap（精灵过渡），如图 5-57 所示

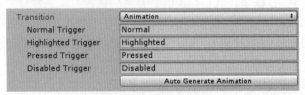

图 5-57　精灵过渡

Highlighted Sprite（高亮图片）：鼠标指针在按钮上悬停时的图片。

Pressed Sprite（按下图片）：单击或按钮处于选中时的图片。

Disabled Sprite（禁用图片）：当按钮不可用时的图片。

（3）Animation（动画过渡），如图 5-58 所示

图 5-58　动画过渡

Normal Trigger（默认触发器）：默认状态动画名。

Highlighted Trigger（高亮触发器）：鼠标指针在按钮上悬停时的动画名。

Pressed Trigger（按下触发器）：单击或按钮处于选中时的动画名。

Disabled Trigger（禁用触发器）：当按钮不可用时的动画名。

Navigation（按钮导航）：假如有四个按钮，单击第一个按钮时，第一个按钮会保持选中状态，然后通过按键盘方向键，导航将选中状态切换到下一个按钮上，假设第一个按钮下方存在第二个按钮，当选中第一个按钮按方向键下时，第一个按钮的选中状态取消，第二个按钮进入选中状态，前提是这些按钮都开启了导航功能。Navigation 设置如图 5-59 所示。

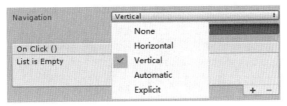

图 5-59　Navigation 设置

None（关闭）：关闭导航。

Horizontal（水平导航）：水平方向导航到下一个控件。

Vertical（垂直导航）：垂直方向导航到下一个控件。

Automatic（自动导航）：自动识别并导航到下一个控件。

Explicit（指定导航）：特别指定在按下特定方向键时从此按钮导航到哪一个控件。

（4）举例：用 Button 制作跳转场景

新建一个 Button 物体，新建一个类，引用命名空间（using UnityEngine.UI;和 using UnityEngine.SceneManagement;）把它挂到 Image 物体上编写方法，方法名为 ConversionScenario，内容如下：

```
 void ConversionScenario()
{
SceneManager.LoadScene("名字");//名字为另一个场景的名字
    }
Void Start(){
    GetComponent<Button>().onClick.AddListener(ConversionScenario);
}
```

7. Toggle（单选）

Toggle 大部分属性等同于 Button 组件，同为按钮，不同的只是它自带了组合切换功能，当然这些用 Button 也是可以实现的。Toggle 面板如图 5-60 所示。

Is On（选中状态）：此 Toggle 的选中状态，设置或返回一个 bool。

Toggle Transition（切换过渡）：None 为无切换过渡，Fade 为切换时 Graphic 所指目标渐隐渐显。

Group（所属组合）：这里指向一个带有 Toggle Group 组件的任意目标，将此 Toggle 加入该组合，之后此 Toggle 便会处于该组合的控制下，同一组合内只能有一个 Toggle 可处于选中状态，即便是初始时将所有 Toggle 都开启 Is On，之后的选择也会自动保持单一模式。

On Value Changed(Boolean)（状态改变触发消息）：当此 Toggle 选中状态改变时，触发一次此消息。

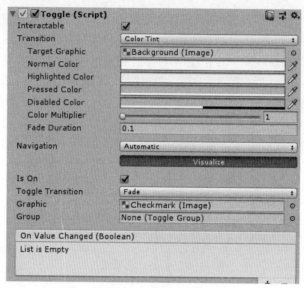

图 5-60　Toggle 面板

8．Toggle Group（单选管理器）

带有此组件的物体，可以同时管理多个 Toggle，将需要被管理的 Toggle 的 Group 参数指向此 Toggle Group 即可。Toggle Group 面板如图 5-61 所示。

图 5-61　Toggle Group 面板

Allow Switch Off（是否允许关闭）：Toggle Group 组默认有且仅有一个 Toggle 可处于选中状态（其管辖的所有 Toggle 中），如果勾选此属性，则 Toggle Group 组的所有 Toggle 都可同时处于未选中状态。

举例：首先新建一个空物体并在空物体上添加 Toggle Group（Add Component 里输入 Toggle Group 并添加），然后再新建三个 Toggle 并调整好位置，并将空物体拖动到三个 Toggle 中的 Group。

9．Slider（滑动条）

Slider（滑动条）是一个主要用于形象的拖动以改变目标值的控件，它最恰当的应用是用来改变一个数值，最大值和最小值自定义，拖动滑块可在此之间改变，如改变声音大小。Slider 面板如图 5-62 所示。

Fill Rect 参数和 Button 类似，请参照 Button。

Fill Rect（填充矩形）：滑块与最小值方向所构成的填充区域所要使用的填充矩形，如果滑动条的作用只是用于改变指定值，那么此选项建议置空，这个相比于 Scrollbar 所多出来的属性主要用于标识从最小值变化到当前值所经过的变化区域，如果用作进度条（显示任务进行进度），这个属性是比 Scrollbar 多出来的一个优势。

Handle Rect（操作条矩形）：当前值处于最小值与最大值之间比例的显示范围，也就是整个滑动条的最大可控制范围。

Direction（方向）：滑动条的方向为从左至右、从上至下或是其他。

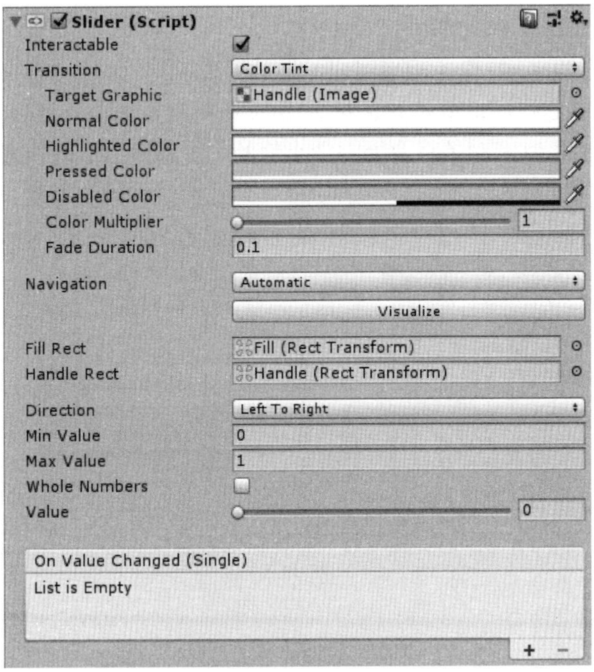

图 5-62　Slider 面板

Min Value（最小值）：滑动条的可变化最小值。

Max Value（最小值）：滑动条的可变化最大值。

Whole Numbers（变化值为整型）：勾选此项，拖动滑动条将按整型数（最小为 1）进行改变指定值。

Value（值）：当前滑动条对应的值。

On Value Changed：值改变时触发消息。

举例：用 Slider 制作血条。新添加一个 Slider 并调好位置，新建一个类，引用命名空间（using UnityEngine.UI;）把它挂到 Slider 物体上。在 Update 下编写如下代码。

```
if (Input.GetMouseButtonDown(0))
{
    GetComponent<Slider>().value -= 0.1f;
}
if (Input.GetMouseButtonDown(1))
{
    GetComponent<Slider>().value += 0.1f;
}
```

10.　Scrollbar（滚动条）

Scrollbar（滚动条）：一个主要用于形象地拖动以改变目标比例的控件，它的最恰当应用是用来改变一个整体值，变为它的指定百分比例最大值 1（100%），最小值 0（0%），拖动滑块可在此之间改变，如改变滚动视野的显示区域。

Handle Rect 以上的变量跟 Button 的一样，请参照 Button 组件。

Handle Rect（操作条矩形）：当前值处于最小值与最大值之间比例的显示范围，也就是整个滑动条的最大可控制范围。

Direction（方向）：滚动条的方向为从左至右、上至下或是其他。

Value（值）：当前滚动条对应的值。

Size（操作条矩形长度）：操作条矩形对应的缩放长度。

Numbers Of Steps（指定可滚动的位置数量）：滚动条可滚动的位置数目，为 0 和 1 时不生效，例如设为 2，则拖动滚动条时滚动条只会处在最小值的位置和最大值的位置，因为它的可滚动位置只有 2 个；例如设为 3，则拖动滚动条时滚动条只会处在最小值的位置、最大值的位置以及中间位置，因为它的可滚动位置只有 3 个。Scrollbar 面板如图 5-63 所示。

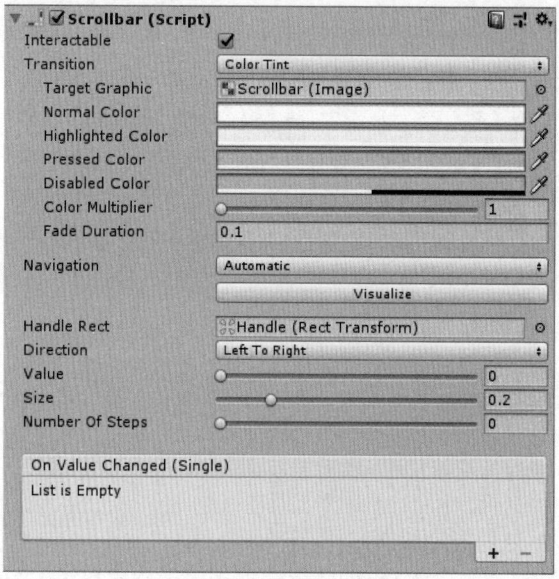

图 5-63　Scrollbar 面板

On Value Changed(Single)：值改变时触发消息。

举例：用 Scrollbar 制作音乐声音大小。首先准备好一首 MP3 音乐，新建一个空物体并添加 Audio Source（Add Component 里输入 Audio Source 并添加），然后新建一个类，引用命名空间（using UnityEngine.UI;）挂到空物体上。

编写个方法，方法名为 Soundsize，内容如下。

```
void Soundsize(float a){
GetComponent<AudioSource>().volume = a;
}
```

在 Start 下编写如下代码。

```
GameObject.Find("Scrollbar").GetComponent<Scrollbar>().value=
GetComponent<AudioSource>().volume;
GameObject.Find("Scrollbar").GetComponent<Scrollbar>().onValueChanged.AddListener(Soundsize);
```

11. Dropdown（下拉菜单）

Dropdown 可以让用户从选项列表中选择一个选项，控件显示当前选择的选项。单击就会打开选项列表，这样就可以选择一个新的选项。在选择新选项时，列表再次关闭，控件显示新选择的选项。如果用户单击控件本身或画布内的任何其他位置，列表也将关闭。Dropdown 面板如图 5-64 所示。

Caption Text：保存当前选中选项的文本。（可选）

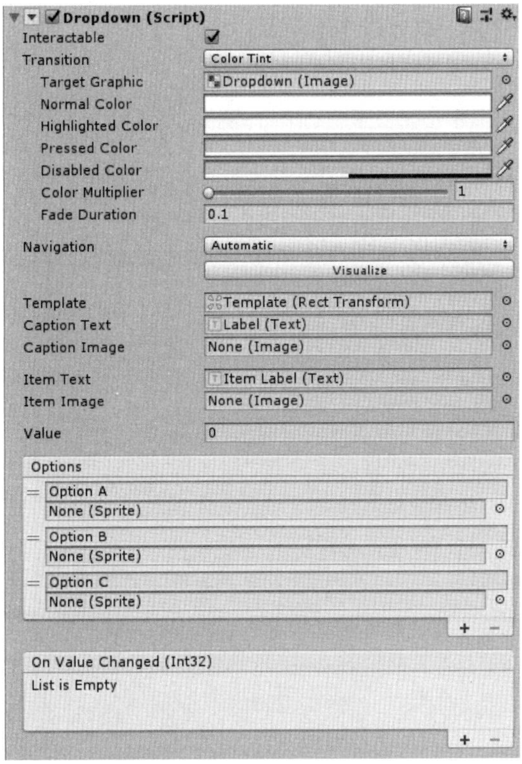

图 5-64　Dropdown 面板

Caption Image：保存当前选中选项的图像。（可选）

Item Text：下拉框选项里的文字。

Item Image：下拉框选项里的图片。

Value：当前选中选项下标。0 代表第一个选项，1 表示第二个，以此类推。

Options：可选的选项的列表。每个选项可以指定 Text 和 Image。

On Value Changed：当用户单击下拉列表中的一个选项时，一个 UnityEvent 会被调用。

12. Input Field（输入文本框）

Input Field 面板如图 5-65 所示。

Text Component（文本组件）：显示文本组件。

Text（文本）：文本初始内容。

Character Limit（字符数量限制）：文本输入字数限制。

Content Type（内容类型）：文本输入类型限制，包括数字、密码等。常用类型如下：

- Standard（标准类型）：什么字符都能输入，默认设置。
- Integer Number（整数类型）：只能输入整数。
- Decimal Number（十进制数）：只能输入整数或小数。
- Alpha numeric（文字和数字）：只能输入数字和字母。
- Name（姓名类型）：只能输入英文及其他文字，当输入英文时自动姓名化（首字母大写）。
- Password（密码类型）：输入的字符隐藏为星号。

Line Type（换行方式）：换行方式如下：

- Single Line（单行）：单行显示，内容只有一行。

● Multi Line Submit（多行）：超过边界则换行，多行显示。

● Multi Line Newline（多行）：超过边界则新建换行，多行显示。

Placeholder（位置标示）：文字提示框，当输入框内容为空时，提示可见；内容不为空时，提示不可见）。

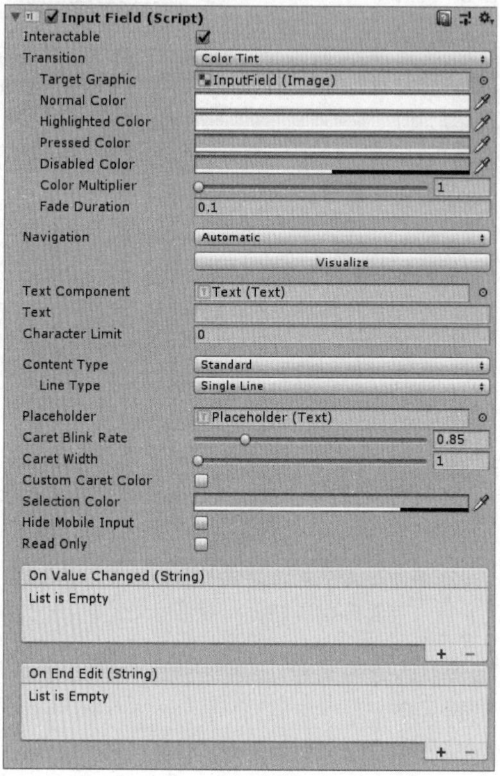

图 5-65　Input Field 面板

Caret Blink Rate（光标闪烁速度）：输入光标闪烁速度。

On Value Changed(String)：当数值改变时调用方法。

On End Edit(String)：结束编辑时调用方法。

举例：用 InputField 制作猜数字。

首先新建 Button、InputField、Text 物体，将 Text 物体改名为 title，把 InputField 物体上的 InputField 组件的 Content Type（内容类型）调成 Integer Number（整数类型），并在 Character Limit（字符数量限制）输入 2，然后新建类，引用命名空间（using UnityEngine.UI;）挂到 Button 上，定义 int 类型变量 a 和 b，在 Start 下编写。

编写个方法，方法名为 Confirm，内容如下。

```
void Confirm(){
    if (b < 2)
    {
        b++;      if(a==int.Parse(GameObject.Find("InputField").GetComponent
<InputField>().text))
        GameObject.Find("biaoti").GetComponent<Text>().text = "恭喜你，猜对了";
    }
else if(a>int.Parse(GameObject.Find("InputField").GetComponent
```

```
<InputField>().text))
      {
          GameObject.Find("biaoti").GetComponent<Text>().text = "不对，猜小了，
还有" +(3 - b) + "次，再猜猜";
      }
      else if(a<int.Parse(GameObject.Find("InputField").GetComponent
   <InputField>().text))
      {
          GameObject.Find("biaoti").GetComponent<Text>().text = "不对，猜大了，
还有" + (3 - b) + "次，再猜猜";
      }
   }
   else
   {
      GameObject.Find("biaoti").GetComponent<Text>().text = "3 次都猜错了，要
猜的数为
   " + a + "，下次再猜吧";
   }
}
```

在 Start 下编写代码如下。

```
a = Random.Range(00, 99);
GetComponent<Button>().onClick.AddListener(Confirm);
```

13. Scroll Rect（滚动界面）

当需要在一个小区域中显示占用大量的内容时，可以使用滚动矩形。滚动矩形提供了在此内容上滚动的功能。通常，滚动矩形要和蒙版组件配合，为了创建滚动视图，其中只有滚动矩形内的可滚动内容是可见的。此外，它还可以与一个或两个滚动条组合使用，这些滚动条可以被拖动，水平或垂直滚动。Scroll Rect 面板如图 5-66 所示。

Content：显示页面。

Horizontal：是否可以左右滚动。

Vertical：是否可以上下滚动。

Movement Type：拖动的约束，分别有无限制的、弹性的或限制的。

● Unrestricted：无限制的，可以任意滚动。

● Elasticity：当内容到达滚动矩形的边缘时，将对内容进行反弹。

● Clamped：强制内容保持在滚动矩形的范围内。

Deceleration Rate：当惯性被设置时，减速率决定了内容物停止移动的速度。速率为 0 将立即停止移动。值为 1 表示移动将永远不会减速。

Scroll Sensitivity：对鼠标滚动轮滚动事件的处理值，值越大滚得越快。

Viewport：Content 的父级。

Horizontal Scrollbar：水平滚动条。

Visibility：在不需要滚动条时是否自动隐藏滚动条。

Spacing：滚动条和的长短。值越小越长，反之则越短。

Vertical Scrollbar：垂直滚动条。

Visibility：在不需要滚动条时是否自动隐藏滚动条。

Spacing：滚动条和的长短。值越小越长，反之则越短。

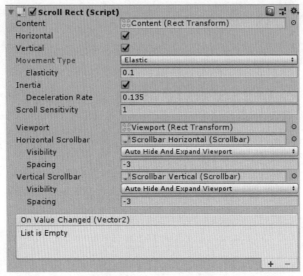

图 5-66　Scroll Rect 面板

14. Mask（遮罩）

Mask 不是一个可见的 UI 控件，而是一种修改控件子元素外观的方法。因此，如果子元素比父元素图像大，那么只能看到子元素中适合父元素的部分。该组件我们在讲解 Raw Image 时曾经用过，用于显示圆形的画面，这里的遮罩和我们日常生活中遮挡意思正好相反，这里的遮罩是遮住什么地方就显示什么地方，Mask 面板如图 5-67 所示。

图 5-67　Mask 面板

Show Mask Graphic：是否显示遮罩层的图像。

15. Layout Element（布局）

布局组件是 UGUI 的一个特色组件，用来调整 UGUI 在自动布局时 UI 的大小，如果想要 Layout Element 组件起作用，需要 Vertical Layout Group、Horizontal Layout Group、Grid Layout Group 等组件配合，后面提到了三个组件都是用来自动布局 UI 的组件，稍后我们会依次讲解。

UI 存在于一个自动布局的组件下时，我们希望 UI 可以根据所在空间自动调整大小，如空间大时，UI 大一些；空间小时 UI 就小一些，这样就需要添加布局组件来实现。布局组件分配最小尺寸属性（最小宽度、最小高度）。如果有足够的可用空间，布局控制器将分配首选大小属性（首选宽度、首选高度）。如果有额外的可用空间，布局控制器分配灵活的 size 属性（灵活的宽度、灵活的高度）。Layout Element 面板如图 5-68 所示。

图 5-68　Layout Element 面板

Ignore Layout：当启用时，忽略此布局。

Min Width：应有的最小宽度。

Min Height：应有的最小高度。

Preferred Width：首选宽度。

Preferred Height：首选高度。

Flexible Width：瓜分剩余横向空间的比例。

Flexible Height：瓜分剩余纵向空间的比例。

Layout Priority：布局优先级。

如果 UI 有多个具有布局属性的组件，布局系统将根据 Layout Priority 选择优先布局。

这个组件中，大家不理解的可能是 Flexible Width 和 Flexible Height 这两个属性，何为瓜分剩余空间？举个例子，我们所用的自动布局，一定是在父级 UI 的大小范围内进行自动布局，那么如果父级的长宽是 600×400。两个子物体的 UI 最小宽度和高度都设置为 100，首选宽度和高度设置的都是 200，两个子物体 UI 是以 200×200 的大小，并列在父物体的范围内。如果其中一个子物体的 Flexible Width 值改成 1，那么该子物体的宽度就变成了 400，因为该子物体瓜分了剩下的布局空间（剩余的空间大小是 600–200×2=200），而另一个子物体 Flexible Width 是 0，所以没有瓜分剩余空间。如果两个 UI 的 Flexible Width 都是 1，那么两个物体会将剩余的横向空间 200 平分。如果一个 UI Flexible Width 是 2，一个 UI Flexible Width 是 1，那么就是一个分剩余空间的 2/3，一个分 1/3。

16. Content Size Fitter（长宽比例布局）

Content Size Fitter 组件主要是用来设置自身 UI 的长宽（这个自身包含子 UI 的宽、高），如图 5-69 所示。

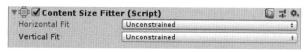

图 5-69　Content Size Fitter 面板

Horizontal Fit: 宽度的控制。

- Unconstrained：不按布局组件调整，可手动修改宽度值。
- Min Size：按布局组件最小值来调整，不能手动修改宽度值。
- Preferred Size：按布局组件首选值来调整，不能手动修改宽度值。

Vertical Fit：高度的控制和宽度的类似，不再描述。

这个组件的应用一定要配合 Layout Element 组件，否则无效。

17. Aspect Ratio Fitter（长宽比例适配器）

根据比例自动调整自身 UI 的大小，如图 5-70 所示。

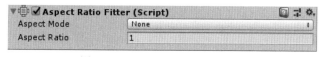

图 5-70　Aspect Ratio Fitter 面板

None：不使用适合的纵横比。

Width Controls Height：让 Height 随着 Width 自动调节。

Height Controls Width：让 Width 随着 Height 自动调节。

Fit In Parent：宽度、高度、位置和锚点都会被自动调整，以使得该矩形拟合父物体的矩形，同时保持宽高比例。

Envelope Parent：宽度、高度、位置和锚点都会被自动调整，以使得该矩形覆盖父物体的整个区域，同时保持宽高比。

18. Horizontal Layout Group（水平布局）

水平布局组件通常和 Layout Element 配合使用，将其子 UI 横向并依次放在一起。子 UI 的大小根据自身的 Layout Element 组件的值进行设置，如图 5-71 所示。

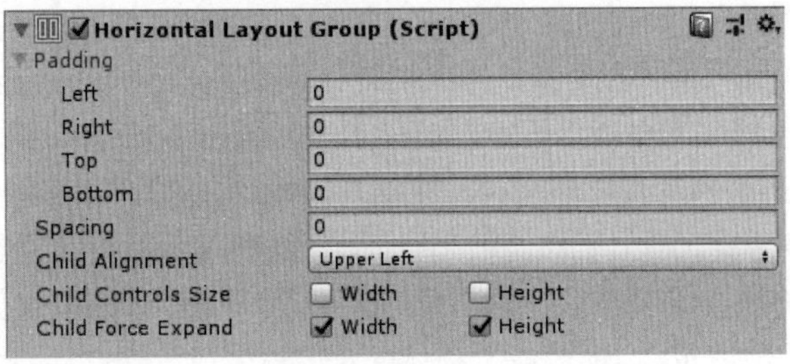

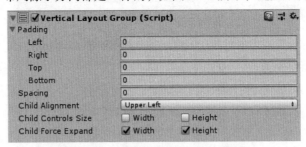

图 5-71　Horizontal Layout Group 面板

Padding：布局的边界大小。

Spacing：行距。

Child Alignment：对齐方式。

Control Child Size：是否控制其子布局元素的宽度和高度。

Child Force Expand：是否填充额外的可用空间。

19. Vertical Layout Group（垂直布局）

垂直布局与水平布局除了方向都是一样的，如图 5-72 所示，此处不再叙述。

图 5-72　Vertical Layout Group 面板

20. Grid Layout Group（网格布局）

Grid Layout Group 就是垂直布局和水平布局的综合版，如图 5-73 所示。

Padding：布局的边界大小。

Cell Size：每个子 UI 的大小。

Spacing：布局元素之间的行距。

Start Corner：起始位置。

Start Axis：横向排列或纵向排列。

Child Alignment：对齐方式。

Constraint：将网格约束为固定数量的行或列，以帮助自动布局系统。

● Flexible：默认不约束。包含两个子项：Fixed Column Count（一行几个）、Fixed Row Count（一列几个）。

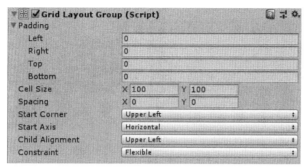

图 5-73　Grid Layout Group 面板

5.4.5　Navigation Mesh（寻路组件）

Navigation Mesh 组件是 Unity 提供的一个实现 AI 可以自动移动、寻找最优路径、到达目的位置的组件。

想要寻路需要以下几步，把要寻路的物体添加上 NavMeshAgent（自动寻路组件），然后选中作为寻路的物体，在物体上的 Game Object 里 Static 下找到 Navigation static 并勾选，如图 5-74 所示。

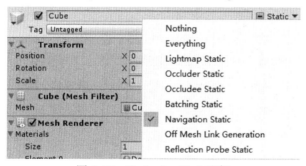

图 5-74　Navigation Mesh 面板

依次选择菜单栏中的 Windows→AI→Navigation 选项，然后在 Navigation 面板找到 Bake，单击 Bake 按钮，进行场景烘焙。烘焙后的场景会生成一个蓝色网格面，这个面的范围就是物体所能寻路的区域，需要注意的是，寻路网格是一个单独的个体，不随着模型而移动，生成网格后，如果对场景进行了修改或移动，则需要重新烘焙场景，如图 5-75 所示。

Agent Radius：物体空间半径。

Agent Height：物体空间高度。

Max Slope：可行走的最大的坡度。

Step Height：可走上的最大台阶高。

Drop Height：可跳下的高度。

Jump Distance：可跳跃的距离。

Advanced：包含两个子项，Manual Voxel Size（烘焙的像素大小）、Min Region Area（网格小于该值时不产生网格）。

Height Mesh：勾选后，将会保存高度信息，占用更多的内存和烘焙时间。Drop Height 数值越高，Agent 从上往下所能跳跃的地方的标记越多，需要在视图中勾选显示 Height Mesh。

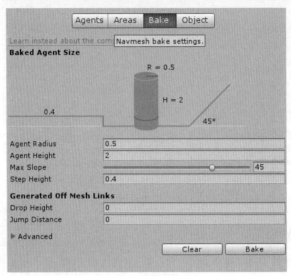

图 5-75　寻路区域设置

1. Nav Mesh Area

设置路径价值（Cost），如图 5-76 所示，比如走楼梯，消耗体能 20，而坐电梯，消耗体能 5，自然会选择后者。

	Name	Cost
Built-in 0	Walkable	1
Built-in 1	Not Walkable	1
Built-in 2	Jump	2
User 3	Car	0
User 4	walk	0.5
User 5	run	1

图 5-76　Nav Mesh Area

2. Nav Mesh Agent（自动寻路组件）

它是一个组件，可以控制 npc 绕过场景中的障碍物，避开其他 npc 挡路到达目标点，如图 5-77 所示。

Agent Type：代理的类型。

Base Offset：偏移，修改代理的高低。

Speed：寻路时移动的最大速度。

Angular Speed：寻路时旋转的速度。

Acceleration：旋转加速度。

Stopping Distance：寻路时，距离目标多远停止。

Auto Braking：是否自动停止。

Radius：代理的半径（指宽度）。

Height：代理的高度。

Quality：躲避障碍物的质量（一般我们都选择高质量）。

Priority：优先级，值越大越优先。

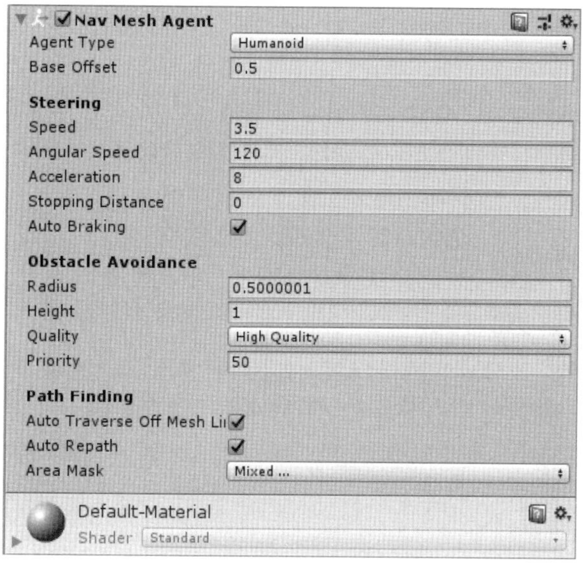

图 5-77　Nav Mesh Agent 组件

Auto Traverse Off Mesh Link：是否采用默认方式渡过链接路径。

Auto Repath：自动重新规划路径。

Area Mask：选择进入什么区域。

举例：用 Nav Mesh Agent 加射线在平面上移动。

先新建一个 Plane（平面）、一个 Capsule（胶囊体）设置平面的大小并调整好摄像机和平面的位置，在胶囊体上添加 Nav Mesh Agent 组件，选择平面设置 static 的 Navigation static 并在 Navigation 上 bake（烘焙），新建类，引用命名空间（using UnityEngine.AI;）并挂到胶囊体上。

在 update 里编写如下代码。

```
Ray ray;
    ray = Camera.main.ScreenPointToRay(Input.mousePosition);
    RaycastHit hit;
    if (Physics.Raycast(ray, out hit)){
      if (hit.transform.name == "Plane")
      {
        GetComponent<NavMeshAgent>().destination = hit.point;
      }
}
}
```

3. Nav Mesh Obstacle（障碍物）

游戏中通常在寻路时会遇见一些障碍物（动态、静态障碍物），对于这些障碍物的控制我们使用 Nav Mesh Obstacle 组件，如图 5-78 所示。

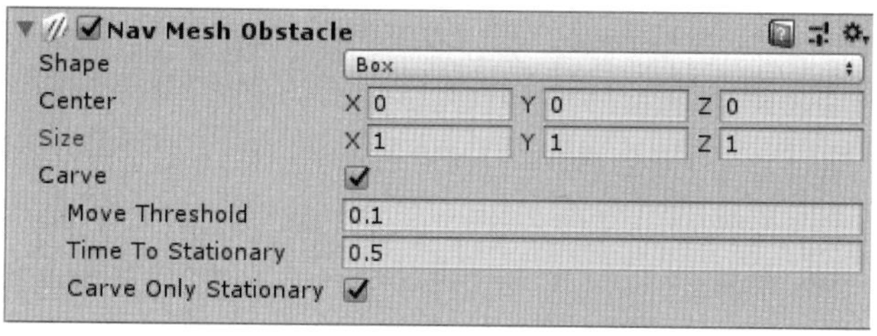

图 5-78　Nav Mesh Obstacle 组件

Shape：障碍形状（盒子形、胶囊形）。

Center：位置中心。

Size：缩放大小。

Carve：选中会自动绕路，否则会碰到障碍物，不会找新路线（如没有打勾，则没有以下几列）。

Move Threshold：超过这个值移动物体才会重新生成网格。

Time To Stationary：超过这个值的时间才会开始生成网格。

Carve Only Stationary：选中会实时生成网格，不过会消耗性能。

4．Off Mesh Link（断点链接）

用于手动指定路线来生成分离的网格连接，如图 5-79 所示。例如，游戏中让行进对象上下爬梯子到达另一块网格的情景就是利用生成分离的网格连接来实现。

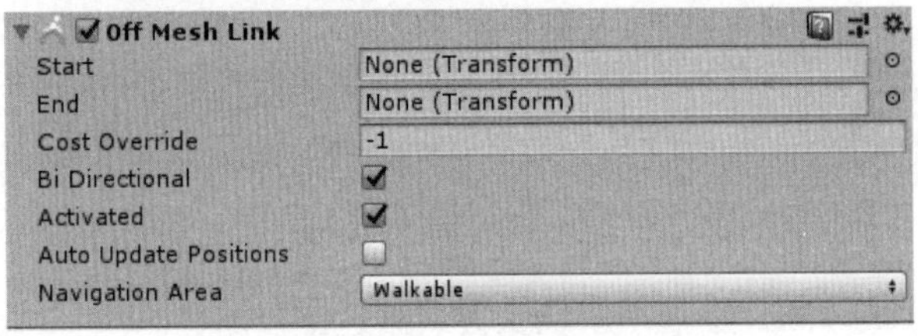

图 5-79　Off Mesh Link 组件

Start：开始端的物体。

End：结束端的物体。

Cost Override：如果该值是正的，使用它在处理需求路径时计算路径的数值，否则会使用默认的数值（游戏物体所属区域的数值）。

Bi Directional：如果勾选，则两端都可以到。否则，它只能从 Start 到 End。

Activated：是否在寻路的时候使用该组件。

Auto Update Positions：如果打勾，两个端点如果移动会自动调整导航位置；否则不会自动调整。

Navigation Area：表示是哪个 Area（路面），这个需要预先设定。

举例：用 Off Mesh Link 制作从高墙跳下。

先创建 2 个 Cube，分别代表地板和大方块高墙。再创建 2 个 Cube，分别命名为 start point 和 end point，分别为指定跳跃起点和指定跳跃终点位置点。

使用胶囊体创建主角。把场景中的 Cube 物体设置为静态，并勾选 Off Mesh Link Generation 选项。

为 start point 添加 Off Mesh Link 组件，并把 start point 和 end point 拖放指定到 Start 和 End 属性中。

为主角胶囊体添加 Nav Mesh Agent 组件、Bake（烘焙）场景。注意调节 Height、Drop Height、Jump Distance 属性。烘焙好后为主角添加类，代码如下。

```
using UnityEngine;
using System.Collections;
public class PlayerController : MonoBehaviour {
private NavMeshAgent agent;
GameObject target;
void Start() {
    //获取组件
    agent = GetComponent<NavMeshAgent>();
    target = GameObject.Find("end point");
}
```

```
void Update()
{
    agent.SetDestination(target.transform.position);
}
```

5. Navigation Mesh 自动寻路常用的代码方法

自动寻路中除了下面要讲到的方法，还有很多属性变量，这些变量在上面提到的面板中都有讲过，可以通过调取实例属性的方式调取，此处不再赘述。

（1）NavMesh 类

以下的方法都所属于 NavMesh 类。

①GetAreaCost：获取在本导航网格的价值。

语法结构：public static float GetAreaCost(int areaIndex);

方法解析：静态方法，需要用类名.的形式调用该方法。通过查询导航网格索引，参数是 areaIndex，来查看本导航网格的成本。有返回值。返回类型为 float 类型。

②SetAreaCost：设置相应导航网格区域的成本。

语法结构：public static void SetAreaCost(int areaIndex, float cost);

方法解析：静态方法，需要用类名.的形式调用该方法。通过想修改成本的导航网格索引，参数 areaIndex，让它的成本修改成 cost 参数。

③GetAreaFromName：通过名字获取区域索引。

语法结构：public static int GetAreaFromName(string areaName);

方法解析：静态方法，需要用类名.的形式调用该方法。通过参数 areaName 名字来查询是否有这个区域，如果有返回的值为正数，则为索引；如果找不到区域，则为−1。

④AllAreas：包括所有 NavMesh 区域的区域蒙版的常数。

语法结构：public const int AllAreas = −1;

Raycast：检测区域。

语法结构：public static bool Raycast(Vector3 sourcePosition, Vector3 targetPosition, out NavMeshHit hit, int areaMask);

方法解析：静态方法，需要用类名.的形式调用该方法。该方法用来检测以参数 sourcePosition 为起点，到参数 targetPosition 终点。该方法有返回值，由生成点到目标点方向生成一条射线，如果碰到区域（参数 areaMask）边缘则返回 true，到达目标点且没有碰到区域则返回 false，该方法中有一个 out NavMeshHit hit 参数，hit 是一个射线 NavMeshHit 类，用来保存射线碰撞物体所产生的信息，里面包含所碰到的物体的坐标等。

⑤CalculatePath：计算两点间路径并保存。

语法结构：public static bool CalculatePath(Vector3 sourcePosition, Vector3 targetPosition, int areaMask, NavMeshPath path);

方法解析：静态方法，需要用类名.的形式调用该方法。此功能可用于提前计划路径，以避免在需要该路径时游戏延迟。另一个用途是在移动代理程序之前检查目标位置是否可达。该方法有返回值，如果找到完整或部分路径，则为 true，否则为 false。

（2）NavMeshHit 类

①position：物体的位置。

语法结构：public Vector3 position { get; set; }

②normal：标准化。

语法结构：public Vector3 normal { get; set; }

③distance：到射线击中点的距离。

语法结构：public float distance { get; set; }

④mask：设置或获取 NavMesh 区域的值。

语法结构：public int mask { get; set; }

⑤hit：射线是否命中。

语法结构：public bool hit { get; set; }

（3）NavMeshAgent 类

①destination：赋值让寻路组件的物体去哪。

语法结构：public Vector3 destination { get; set; }

②SetDestination：传参的形式让寻路组件的物体去哪。

语法结构：public bool SetDestination(Vector3 target);

方法解析：实例方法，需要用实例.的形式调用该方法。此方法需要把要去的点以参数的形式传入进去即可寻路。

③isOnNavMesh：该代理物体是否在导航网格上。

语法结构：public bool isOnNavMesh { get; }

④nextPosition：获取或设置 NavMesh 代理的模拟位置。

语法结构：public Vector3 nextPosition { get; set; }

⑤path：获取或设置当前路径的属性。

语法结构：public NavMeshPath path { get; set; }

⑥SetPath：设置新路径。

语法结构：public bool SetPath(NavMeshPath path);

方法分析：实例方法，需要用实例.的形式调用该方法。此方法为该代理分配新路径参数 path。该方法有返回值，如果成功分配了路径，代理将恢复向新目标的移动，则返回 true。如果无法分配路径，则将清除该路径，返回 false。

⑦SamplePathPosition：向前查找指定的距离，和 NavMesh 里面的 RayCast 相似。

语法结构：public bool SamplePathPosition(int areaMask, float maxDistance, out NavMeshHit hit);

方法解析：实例方法，需要用实例.的形式调用该方法。该方法是以实例的物体自身前方向开始到参数 maxDistance 之间生成一条射线，该方法有返回值，如果碰到区域（参数 areaMask）边缘则返回 true，到达目标点且没有碰到区域则返回 false，该方法中有一个 out NavMeshHit hit 参数，hit 是一个射线 NavMeshHit 类，用来保存射线碰撞物体所产生的信息，里面包含所碰到的物体、碰撞点的坐标等。

⑧isOnOffMeshLink：当前代理是否位于 OffMeshLink 上。

语法结构：public bool isOnOffMeshLink { get; }

⑨currentOffMeshLinkData：当前的 OffMeshLinkData。如果此代理不在 OffMeshLink 上，则将 OffMeshLinkData 标记为无。

语法结构：public OffMeshLinkData currentOffMeshLinkData { get; }

⑩nextOffMeshLinkData：当前路径上的下一个 OffMeshLinkData。如果当前路径不包含 OffMeshLink，则将 OffMeshLinkData 标记为无效。

语法结构：public OffMeshLinkData nextOffMeshLinkData { get; }

⑪CompleteOffMeshLink：在当前分离网格链接上完成运动。

语法结构：public void CompleteOffMeshLink();

（4）OffMeshLink 类

①activated：分离网格链接激活。

语法结构：public bool activated { get; set; }

②occupied：是否占用。

语法结构：public bool occupied { get; }

③startTransform：开始端的物体。

语法结构：public Transform startTransform { get; set; }

④endTransform：结束端的物体。

语法结构：public Transform endTransform { get; set; }

⑤biDirectional：可以双向遍历链接。

语法结构：public bool biDirectional { get; set; }

⑥area：此 OffMeshLink 组件的 NavMesh 区域索引。

语法结构：public int area { get; set; }

（5）OffMeshLinkData 类

①valid：链接是否有效。

语法结构：public bool valid { get; }

②activated：获取链接是否处于激活状态。

语法结构：public bool activated { get; }

③startPos：获取链接开始的位置。

语法结构：public Vector3 startPos { get; }

④endPos：获取链接结束的位置。

语法结构：public Vector3 endPos { get; }

5.4.6　Shuriken（粒子特效）

Unity 中的粒子系统可用于制作特效，如爆炸、技能、碰撞等。通过该组件能做出很多漂亮的效果。通过菜单栏的 GameObject→Effects→Particle System 命令即可在场景中添加一个名为 Particle System 粒子系统物体。

1. Particle System（粒子系统主面板）

粒子系统的主面板，如图 5-80 所示。

Duration：粒子发射周期，在发射 5.00 s 以后进入下一个粒子发射周期。如果没有选中 looping 复选框，5.00 s 之后粒子会停止发射。

Looping：粒子按照周期循环发射。

Prewarm：预热系统，在最开始粒子就充满空间，而不是在程序运行时才开始发射粒子。

Start Delay：粒子延时发射，延长参数里的值才开始发射。

Start Lifetime：粒子从发生到消失的时间长短。

Start Speed：粒子初始发生时候的速度。

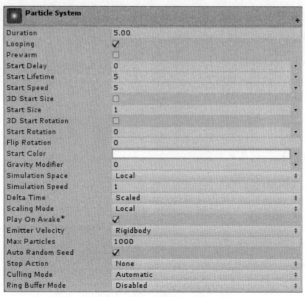

图 5-80　粒子系统主面板

3D Start Size：粒子单个缩放。

Start Size: 整体缩放。粒子初始的大小。

3D Start Rotation：粒子单个旋转。需要在一个方向旋转的时候可以使用。

Start Rotation：整体旋转。粒子初始旋转。

Flip Rotation：随机旋转粒子方向。

Start Color：粒子初始颜色，可以调整加上渐变色。

Gravity Modifier：为粒子添加重力。

Simulation Space：空间位置。

- Local：此时粒子会跟随父级物体移动。

- World：此时粒子不会跟随父级移动。

- Custom：粒子会跟着指定的物体移动。

Simulation Speed：根据 Update 模拟的速度。

Delta Time：一般的 Delta Time 都是 1，如果在游戏需要暂停时需要用到 Scaled，根据 Time Manager 来定。如果选择 UnScale，就会忽略时间的影响。

Scaling Mode：粒子缩放模式有三个子项，Local（粒子系统自身缩放，忽略父级影响）、Hierarchy（粒子缩放跟随父级变化）、Shape（粒子系统跟随父级初始位置，但是不会影响粒子系统的大小）。

Play On Awake*：是否运行游戏时启动粒子。

Emitter Velocity：选择粒子系统如何计算"继承速度"和"发射"模块使用的速度。如果存在 Rigidbody 系统可以使用 Rigidbody 计算速度组件，或通过跟踪 Transform 组件的移动。

Max Particles：同时存在的最大粒子数量。

Auto Random Seed：随机速度。

Stop Action：当属于系统的所有粒子都已完成时，可以使系统执行动作。有三个子项：

- Disable：所有粒子播放完时 GameObject 物体禁用。

- Destroy：所有粒子播放完时 GameObject 物体销毁。
- Callback：回调方法，所有粒子播放完时通过 OnParticleSystemStopped 回调，需在粒子物体上挂载带有 OnParticleSystemStopped 的类。

Culling Mode：选择是否粒子在屏幕外时暂停粒子系统模拟，包含四个子项：

- Automatic：循环系统使用 Pause，所有其他系统使用 Always Simulate。
- Pause and Catch-up：在屏幕外停止模拟，重新进入视图时，模拟出不像暂停的程度。
- Pause：在屏幕外停止模拟。
- Always Simulate：屏幕内外都模拟。

Ring Buffer Mode：保持粒子活着直到它们达到最大粒子数，此时新粒子回收最老粒子。包含三个子项：Disabled（生命周期过去时移除）、Pause Until Replaced（生命周期结束时的粒子暂停，再循环时成为新粒子）、Loop Until Replaced（生命周期结束时按比例退回寿命，再循环时，成为新粒子）。

2. Shape（形状）

此模块主要定义粒子发射器，以及开始粒子速度的方向。以下部分详细介绍了每个 Shape 和 Hemisphere 的属性。

（1）Sphere（球体）（见图 5-81）、Hemisphere（半球体）

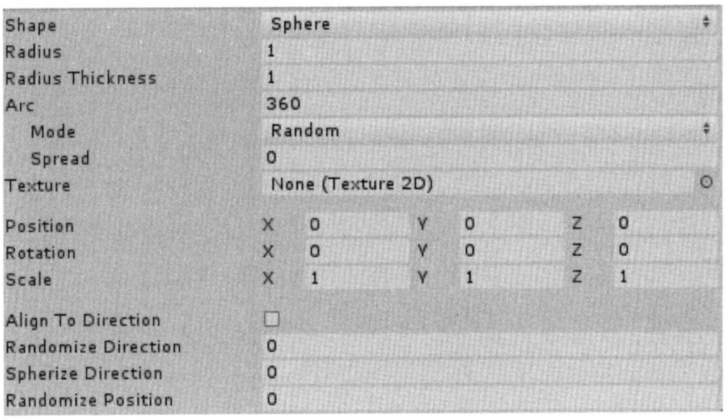

图 5-81　Sphere

Shape：粒子的形状。

Radius：圆的半径。

Radius Thickness：粒子的反射位置。值为 0 从外表面发射粒子，值为 1 从中心发射。

Arc：发射控制器的角度范围。有四个子项：Random（随机生成）、Loop（循环模式）、Ping-Pong（乒乓模式，与 Loop 相同，循环效果类似乒乓球的来回循环）、BurstSpread（在形状周围均匀分布粒子生成）。

Spread：类似于爆发喷射效果，角度范围内产生粒子的间隔。例如，值 0 允许粒子在弧周围的任何位置生成，值 0.1 仅在形状周围以 10% 的间隔生成粒子。

Texture：用于粒子的纹理。

- Clip Channel：从纹理中选择要用于丢弃粒子的位数。
- Clip Threshold：将粒子映射到纹理上时，丢弃低于此像素的像素颜色。
- Color Affects Particles：通过纹理颜色乘以粒子颜色。
- Alpha Affects Particles：通过纹理乘以粒子。
- Bilinear Filtering：平滑的粒子颜色变化。

Position：将偏移应用于用于生成粒子的发射器形状。

Rotation：旋转用于产生粒子的发射器形状。

Scale：更改用于生成粒子的发射器形状的大小。

Align to Direction：是否使用粒子初始方向作为粒子方向。

Randomize Direction：粒子随机方向值。设置为 0 时，此设置无效；设置为 1 时，粒子方向完全随机。

Spherize Direction：沿球面向外发射。设置为 0 时，此设置无效；设置为 1 时，粒子方向从中心向外。

Randomize Position：将粒子移动随机值，直至指定值。当此项设置为 0 时，此设置无效。任何其他值都会对新粒子位置应用一些随机性。

（2）Cone（圆锥）

以下部分详细介绍了 Cone 发射器的属性，如图 5-82 所示。

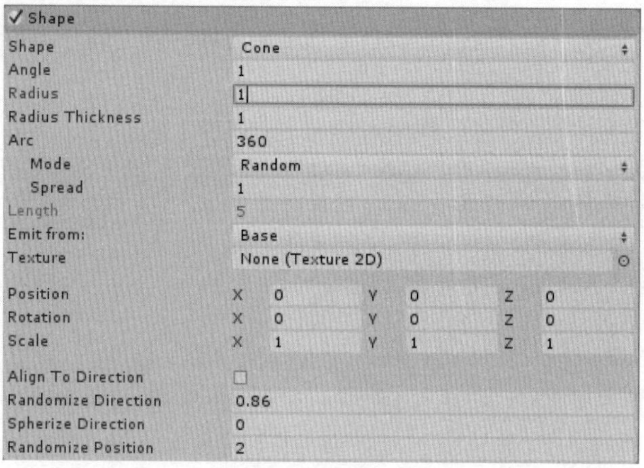

图 5-82　Cone

Angle：锥体在其点处的角度。角度为 0 时产生圆柱体，角度为 90 时产生圆盘。其他属性参数和球体的相同，请参照球体介绍。

（3）Donut（椭圆）

以下部分详细介绍了 Donut 发射器的属性，如图 5-83 所示。

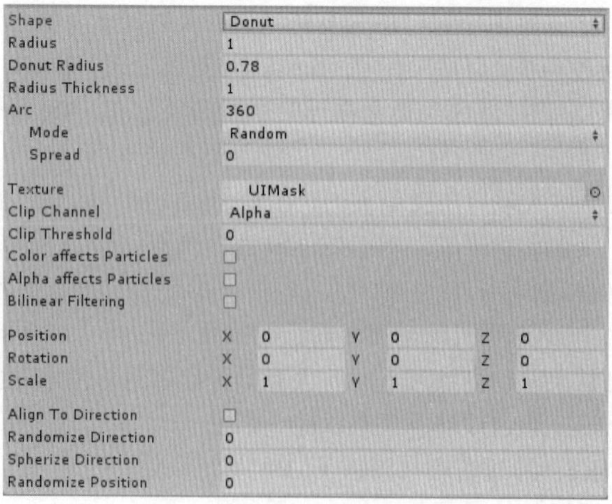

图 5-83　Donut

Radius：椭圆的半径。

Donus Radius：外环形圈的厚度。

下面的属性参数和球体的相同，请参照球体介绍。

（4）立方体（Box）

以下部分详细介绍了 Box 发射器的属性，如图 5-84 所示。

Shape	Box	
Emit from:	Volume	
Texture	None (Texture 2D)	⊙
Position	X　0	Y　0	Z　0
Rotation	X　0	Y　0	Z　0
Scale	X　1	Y　1	Z　1
Align To Direction	☐	
Randomize Direction	0	
Spherize Direction	0	
Randomize Position	0	

图 5-84　Box

Emit from：选择从哪发出粒子的部分，Edge（边）、Shell（壳）或 Volume（体积）。

其他的属性参数和球体的相同，请参照球体介绍。

（5）网格（Mesh）

网格发射器如图 5-85 所示。

Shape	Mesh	
Type	Vertex	
Mode	Random	
Mesh	None (Mesh)	⊙
Single Material	☐	
Use Mesh Colors	✔	
Normal Offset	0	
Texture	None (Texture 2D)	⊙
Position	X　0	Y　0	Z　0
Rotation	X　0	Y　0	Z　0
Scale	X　1	Y　8.1036	Z　1
Align To Direction	☐	
Randomize Direction	0	
Spherize Direction	0	
Randomize Position	0	

图 5-85　Mesh

Type：从哪里发射粒子。选择"顶点"以从顶点发射粒子，选择"边缘"以使粒子从边缘发射，或选择"三角形"以从三角形中发射粒子。默认设置为"顶点"。

Mode：为每个新粒子选择网格上的位置。选择随机粒子为网格中下一个顶点发出的每个新粒子选择一个随机位置 Loop，或者 Ping-Pong，表现类似于 Loop 模式，但是在每个周期后沿网格顶点交替方向。 默认设置为 Random。

Mesh：提供发出粒子形状的网格。

Single Material：指定是否从特定子网格中发射粒子（由材质索引号标识）。 如果启用，则会显示一个数字字段，可以使用该字段指定材料索引编号。

Use Mesh Colors：使用网格顶点颜色调整粒子颜色，或者，如果它们不存在，则使用材质中的着色器颜色属性"颜色"或"色调颜色"。

Normal Offset：距离网格表面的距离以发射粒子（在表面法线的方向上）。

其他的属性参数和球体的相同，请参照球体介绍。

（6）Sprite（图片精灵）

Sprite Renderer 精灵发射器属性如图 5-86 所示。

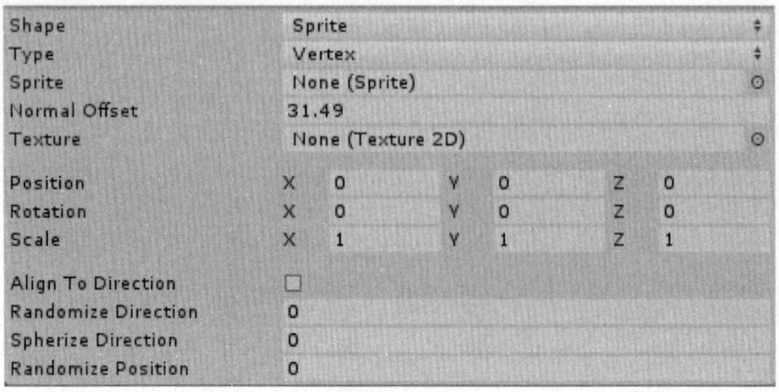

图 5-86　Sprite

Type：从哪里发射粒子。选择"顶点"则从顶点发射粒子，选择"边缘"则从边缘发射粒子，或选择"三角形"则从三角形中发射粒子。默认设置为"顶点"。

Sprite：定义粒子发射器形状的图片精灵。

Normal Offset：远离 Sprite 表面的距离发射粒子（在表面法线方向）。

其他属性参数和球体的相同，请参照球体介绍。

（7）圆形（Circle）

Circle 发射器属性如图 5-87 所示。

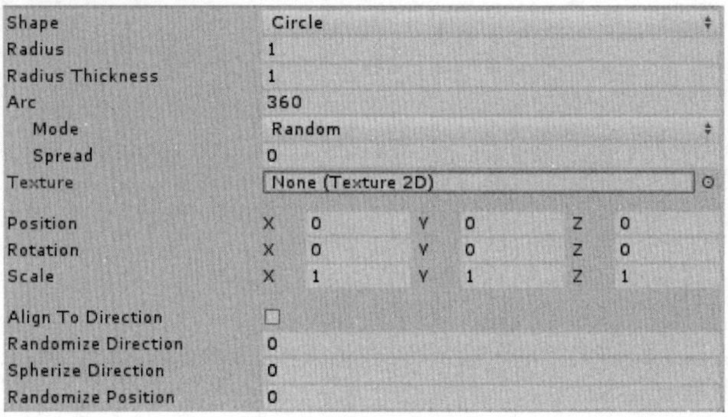

图 5-87　Circle

Radius：半径。

Radius Thickness：粒子发射位置。值为 0 则从表面发射；值为 1 则从中心发射粒子。

其他属性参数和球体的相同，请参照球体介绍。

（8）边（Edge）

Edge 发射器属性如图 5-88 所示。

Radius：半径。

下面的属性参数和球体的相同，请参照球体介绍。

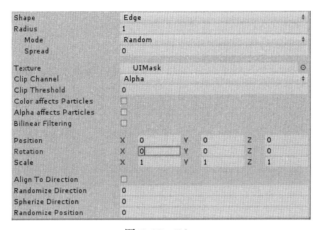

图 5-88　Edge

（9）Rectangle（矩形）

矩形发射器内容和前几种发射器内容相同，不再赘述，如图 5-89 所示。

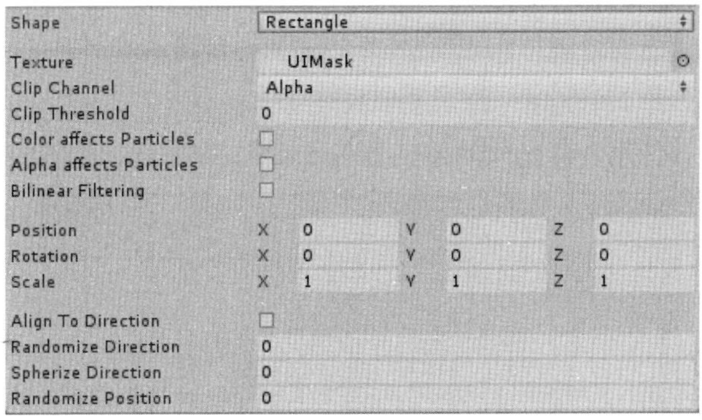

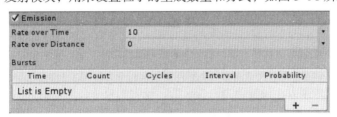

图 5-89　Rectangle

3. Emission（粒子发射）

Emission 粒子发射模块，用来设置粒子的生成数量和方式，如图 5-90 所示。

图 5-90　Emission 面板

Rate Over Time：单位时间内生成粒子的数量。

Rate Over Distance：单位移动距离内生成的粒子数量。当粒子系统移动时，才发射粒子。

Time：从第几秒开始。

Count：设置可能发射的粒子数量。

Cycles：在一个周期中的循环次数。

Interval：设置发射周期之间的时间（以秒为单位）。

Probability：控制每个突发事件产生粒子的可能性，1 保证系统产生粒子。

4. Velocity over Lifetime（粒子速度）

Velocity over Lifetime 模块设置粒子在其生命周期内的速度和方向，如图 5-91 所示。

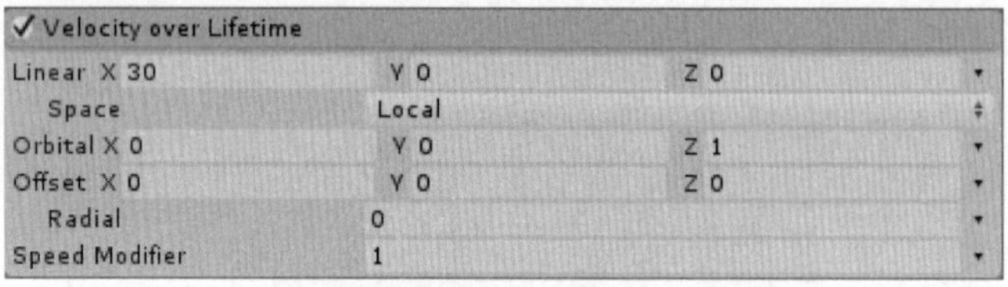

图 5-91　Velocity over Lifetime 模块

Linear X, Y, Z：分别是 X、Y 和 Z 轴上的粒子方向。

Space：指定 Linear X、Y、Z 轴是指本地空间还是世界空间。

Orbital X, Y, Z：X、Y 和 Z 轴周围的粒子轨道速度。

Offset X, Y, Z：轨道中心的位置，用于轨道运行的粒子。

Radial：粒子的径向速度远离/朝向中心位置。

Speed Modifier：沿着当前行进方向/围绕粒子的速度的比例值。

5. Limit Velocity Over Lifetime（粒子速度极限）

该模块控制粒子在其使用寿命期间的速度衰减，通常用来模拟拖动效果，如图 5-92 所示。

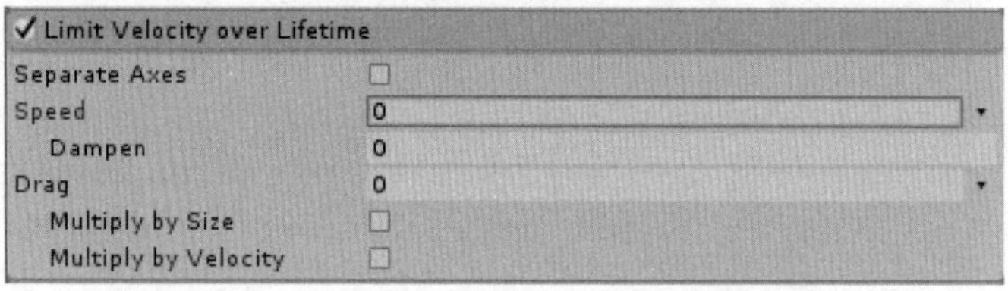

图 5-92　Limit Velocity over Lifetime 模块

Separate Axes：是否将速度方向分解成 X、Y、Z 三个轴向表示。

Speed：设置粒子的速度极限。

Space：在开启了 Separate Axes 值后出现，设定粒子空间运动速度是按世界坐标系还是自身坐标系。

Dampen：当粒子速度超过速度限制时，粒子速度衰减值。

Drag：对粒子速度应用拖动效果，看起来像拖尾。

Multiply by Size：根据大小设置阻力，勾选后，较大的粒子会受到阻力系数的影响。

Multiply by Velocity：根据速度设置阻力，勾选后，更快的粒子会受到阻力系数的影响。

6. Inherit Velocity（速度继承）

此模块设置粒子对发射器物体的速度继承，如图 5-93 所示。

图 5-93　Inherit Velocity 模块

Mode：继承模式。

Current：粒子始终继承发射器的速度。例如，发射器减速，则所有粒子也将减速。

Initial：当每个粒子诞生时，继承一次发射器的速度，之后不再随发射器的变化而变化。

Multiplier：粒子继承发射器速度的比例。

7. Force over Lifetime（受力随生命变化）

粒子根据生命的变化改变受力情况，如图 5-94 所示。

图 5-94　Force over Lifetime 模块

X,Y,Z：力施加的三个方向。

Space：设定是在局部空间还是在世界空间中施加力。

Randomize：使用"两个常数"或"两个曲线"模式时，随机出一个值会导致在定义的范围内的每个帧上选择新的力方向。

8. Color over Lifetime（颜色随生命变化）

此模块指定粒子的颜色和透明度在其生命周期内如何变化，如图 5-95 所示。

图 5-95　Color over Lifetime 模块

Color：粒子在其生命周期内的颜色变化。色条左侧点表示粒子寿命的开始，右侧表示粒子寿命的结束。

9. Color by Speed（颜色随速度变化）

设置粒子的颜色随着速度的变化而改变，如图 5-96 所示。

图 5-96　Color by Speed 模块

Color：粒子的速度变化色条。

Speed Range：色条对应的速度范围。

10. Size over Lifetime（大小随生命变化）

设置粒子的大小随着生命变化，如图 5-97 所示。

图 5-97　Size over Lifetime 模块

Separate Axes：在每个轴上独立控制粒子。

Size：粒子随着其生命周期的变化按曲线的值变化。

11. Size by Speed（大小随速度变化）

设置粒子根据速度的变化更改大小的粒子，如图 5-98 所示。

Separate Axes：在每个轴上独立控制粒子。

Size：粒子在速度范围的变化曲线。

图 5-98　Size by Speed 模块

SpeedRandge：尺寸曲线对应的速度范围。

12. Rotation over Lifetime（旋转随生命变化）

粒子随着生命周期旋转，如图 5-99 所示。

图 5-99　Rotation over Lifetime 模块

Separate Axes：允许每轴指定旋转，勾选后，分三个轴向显示。

Angular Velocity：转速。

13. Rotation by Speed（旋转随速度变化）

设置粒子的旋转以根据其每秒的距离单位的速度改变，如图 5-100 所示。

图 5-100　Rotation by Speed 模块

Sepatate Axes：允许每轴指定旋转。勾选后，分三个轴向显示。

Angular Velocity：转速。

Speed Range：渲染曲线对应的转速。

14. External Forces（外力）

设置外部力场的系数，如图 5-101 所示。

图 5-101　External Forces 模块

Multiplier：力场的系数。

Influence Filter：力场的过滤模式。可以考虑通过哪种方法定义影响该粒子系统的力场，可以通过 Layer 和自定义 List 来设置。

Influence Mask：使用 Layer 设置力场。

15. Particle System Force Field（粒子力场）

Particle System Force Field，其作用是对所关联的粒子系统施加外力，要使用该组件，需要开启粒子系统中的 External Forces 并进行关联，如图 5-102 所示。

Shape：力场形状。

Start Range：力场开始范围。

End Range：力场结束范围。

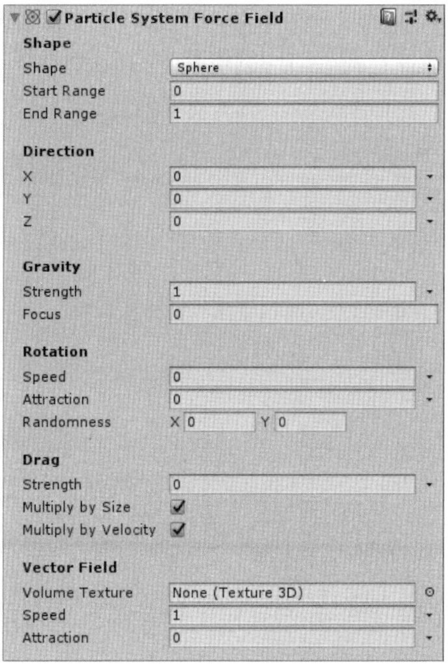

图 5-102　Particle System Force Field 组件

Direction(x,y,z)：力的方向。

Gravity：重力，两个子项，分别是 Strength（力的强度）、Focus（设置力是吸引力还是排斥力）。

Rotation：旋转，有三个子项，分别是 Speed（转速）、Attraction（吸入中心的强度）、Randomness（对粒子产生随机性的推动）。

Drag：拖拽，有三个子项，分别是 Strength（反方向拖拽粒子的力强度）、Multiply by Size（据粒子大小设置拖拽强度）、Multiply by Velocity（根据粒子速度设置拖拽强度）。

Vector Field：力场，有三个子项，分别是 Volume Texture（力场的纹理贴图）、Speed（力场中粒子的速度，改变通过力场的粒子的速度）、Attraction（力场的吸引力强度）。

16. Noise（噪波）

使用此模块为粒子移动添加抖动，如图 5-103 所示。

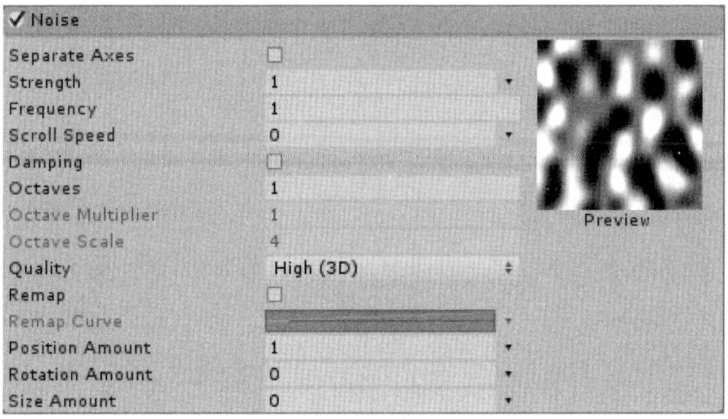

图 5-103　Noise 模块

Separate Axes：在每个轴上独立控制粒子。

Strength：粒子在生命周期内噪波影响强度。值越高，粒子移动越快。

Frequency：噪波的平滑值，低值会产生柔和、平滑的噪声，而高值会产生快速变化的噪声。

Scroll Speed：噪波的滑动速度，随着时间的推移，噪波会移动。

Damping：启用后，强度与频率成正比。将这些值绑在一起意味着噪声场可以在保持相同行为的同时进行缩放，但尺寸不同。

Octaves：指定组合多少层重叠噪声以产生最终噪声值。使用更多层可以提供更丰富、更有趣的噪声，但却增加了性能成本。

Octave Multiplier：对于每个额外的噪声层，按此比例降低强度。

Octave Scale：对于每个附加噪声层，通过此乘数调整频率。

Quality：质量，质量越高，对系统的需求也越大。

Remap：将最终噪波值重新映射到不同的范围。

Remap Curve：描述最终噪波值如何变换的曲线。例如，可以使用此选项来选择噪声场的较低范围，并通过创建从高处开始并以零结束的曲线来忽略较高的范围。

Position Amount：用来控制噪波影响粒子位置的系数。

Rotation Amount：用于控制噪波影响旋转粒子的系数。

Size Amount：用于控制噪声影响粒子大小的系数。

17. Collision（碰撞）

设置粒子与 GameObjects 碰撞，分两种情况的碰撞，Planes（平面）还是 World（世界）。需要同时设置碰撞模式，定义碰撞设置是否适用于 2D 或 3D 世界。

（1）Planes 模式

当选择 Planes 模式，如图 5-104 所示。

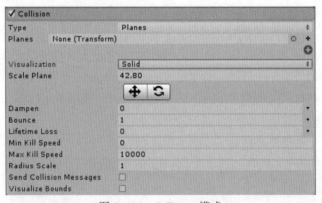

图 5-104　Collision 模式

Type：选择 Planes 模式。

Planes：可设置碰撞平面。

Visualization：选择碰撞平面在 Scene（场景）视图中显示的是线框网格还是实体平面。

Scale Plan：碰撞器的平面大小。

Dampen：碰撞后粒子速度的阻力，1 为最大阻力，粒子将不会动。

Bounce：弹力。

Lifetime Loss：生命流失，粒子在碰撞时失去的生命值。

Min Kill Speed：销毁低于此速度的粒子。

Max Kill Speed：销毁高于此速度的粒子。

Radius Scale：调整粒子球体的半径，贴近粒子图形的碰撞器。

Send Collision Messages：如果启用，则可以从类中检测调用粒子碰撞的 OnParticleCollision 方法。

Visualize Bounds：在 Scene 视图中将每个粒子的碰撞边界渲染为线框形状。

（2）World 模式

当选择 World 模式，如图 5-105 所示。

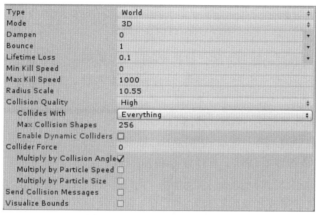

图 5-105　Collision 世界模式

Type：选择 World。

Mode：碰撞模式是 3D 还是 2D。

Dampen：碰撞后粒子速度的阻力，1 为最大阻力，粒子将不会动。

Bounce：弹力。

Lifetime Loss：生命流失，粒子在碰撞时失去的生命值。

Min Kill Speed：销毁低于此速度的粒子。

Max Kill Speed：销毁高于此速度的粒子。

Radius Scale：调整粒子球体的半径，贴近粒子图形的碰撞器。

Collision Quality：碰撞质量，质量越高碰撞越好，销毁资源也越多。

Collides With：粒子碰撞遮罩，根据图层区分。

Max Collision Shapes：粒子的最大碰撞面。

Enable Dynamic Colliders：允许粒子与动态对象发生碰撞。

Collider Force：在粒子碰撞后对粒子物理碰撞器施加力。

Multiply by Collision Angle：施加力时，根据粒子与碰撞器之间的碰撞角度来缩放力的大小。

Multiply by Particle Speed：施加力时，根据粒子的速度缩放力的大小。

Multiply by Particle Size：施加力时，根据粒子的大小缩放力的大小。。

Send Collision Messages：如果启用，则可以从类中检测调用粒子碰撞的 OnParticleCollision 方法。

Visualize Bounds：在 Scene 视图中将每个粒子的碰撞边界渲染为线框形状。

18. Triggers（触发）

粒子系统能够在与场景中的一个或多个触发器交互时触发回调。

注意要使用该模块，首先要为其添加创建触发器的碰撞器，然后选择要使用的事件，如图 5-106 所示。

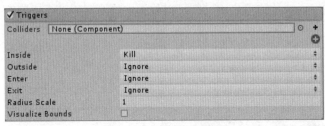

图 5-106　Triggers 模块

Inside：在触发器内部调用回调方法，选择 Callback（回调），粒子位于 Collider 内时触发事件。选择 Ignore（忽略）以在粒子位于"碰撞器"内时不触发事件。选择 Kill（清除）以消灭 Collider 内的粒子。

Outside：在触发器外部调用，具体设置和 Inside 类似。

Enter：在触发器接触时调用，具体设置和 Inside 类似。

Exit：在触发器结束触发时调用，具体设置和 Inside 类似。

Radius Scale：此参数设置粒子的碰撞器边界，允许事件在粒子触碰碰撞器之前或之后出现。小于 1 表示触发器在粒子穿透碰撞器后触发，大于 1 表示触发器粒子穿透碰撞器触发。

Visualize Bounds：在 Scene 视图中将每个粒子的碰撞边界渲染为线框形状。

19. Sub Emitters（子发射器）

设置子发射器。这是额外的粒子发射器，在粒子生命周期的某些阶段的位置处产生，如图 5-107 所示。

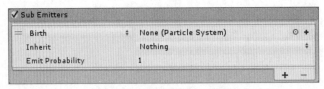

图 5-107　Sub Emitters 模块

配置子发射器列表并选择它们的触发条件以及它们从其父粒子继承的属性。

20. Texture Sheet Animation（粒子纹理动画）

粒子的图形不必是静止的图像。此模块将纹理视为可以作为动画帧播放的单独子图像。选择 Grid（网格）模式，如图 5-108 所示。

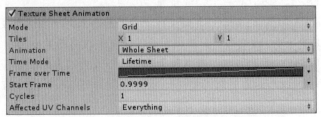

图 5-108　Texture Sheet Animation 模块网格模式

Mode：选择网格模式。

Tiles：纹理在 X（水平）和 Y（垂直）方向上划分的平铺数量。

Animation：模式可设置为 Whole Sheet（整张）或 Single Row（单行）。

Time Mode：选择粒子系统的动画模式，可设为 LifeTime（生命）、Speed（速度）、FPS（帧速）。

Random Row：随机从工作表中选择一行以生成动画。此选项仅在选择 Single Row（单行）作为"动画"模式时可用。

Row：从工作表中选择特定行以生成动画，此选项仅在选择 Single Row（单行）模式且禁用"随机行"时可用。

Frame over Time：一条曲线，动画帧随着时间增加的方式。

Start Frame：动画开始帧。

Cycles：动画序列在粒子生命周期内重复的次数。

Affected UV Channels：指定粒子系统影响的 UV。

当选择 Sprites（精灵）模式时，如图 5-109 所示。

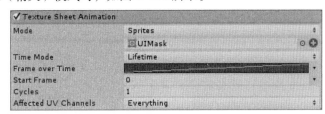

图 5-109　Texture Sheet Animation 模块精灵模式

Mode：选择 Sprites 模式。

Frame over Time：一条曲线，动画帧随着时间增加的方式。

Start Frame：动画开始帧。

Cycles：动画序列在粒子生命周期内重复的次数。

Enabled UV Channels：指定粒子系统影响的 UV。

21．Lights（灯光）

为粒子系统添加子灯光，如图 5-110 所示。

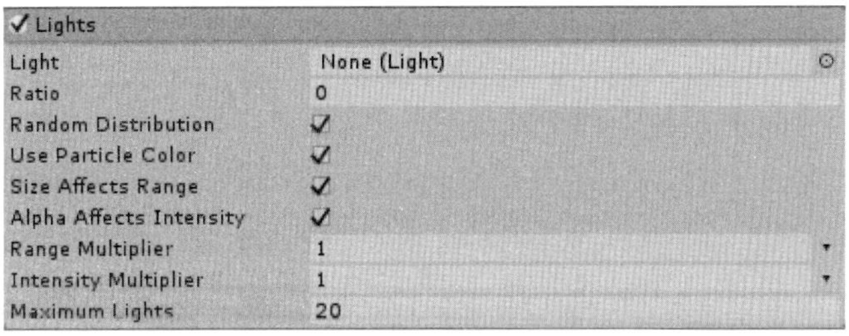

图 5-110　Lights 模块

Light：添加灯。注意只有锥光灯和点光源有效。

Ratio：介于 0 和 1 之间的值，描述将接收光的粒子的比例。

Random Distribution：选择是随机分配还是定期分配灯光。设置为 true 时，每个粒子都有一个随机接收基于比率的光的机会。较高的值增加了粒子具有光的概率。

Use Particle Color：为 True 时，Light 的最终颜色将通过粒子颜色进行调整；如果设置为 False，则使用 Light 颜色而不进行修改。

Size Affects Range：勾选时，Light 中指定的 Range 将乘以粒子的大小。

Alpha Affects Intensity：勾选后，光的强度乘以粒子 Alpha 值。

Range Multiplier：光的范围。

Intensity Multiplier：光的强度。

Maximum Lights：最大灯光数。

22. Trails（拖尾）

模块将一定百分比的粒子制作拖尾效果。

（1）选择 Particles（粒子）模式（见图 5-111）

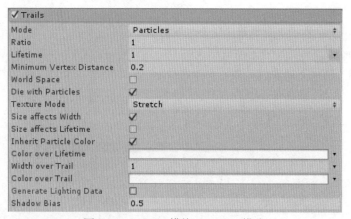

图 5-111　Trails 模块 Particles 模式

Mode：选择如何为粒子系统生成轨迹。

Particles：为每个粒子留下固定轨迹。

Ratio：粒子拖尾的几率。

Lifetime：拖尾存在时间。

Minimum Vertex Distance：变换新目标后，拖尾方向维持原状的最小距离，拖尾距离，如一个导弹在飞行时转弯，它的拖尾火焰效果有一段距离始终是和弹头一致，即这个距离，剩余的火焰会有转弯效果。

World Space：世界空间拖尾方向，粒子拖尾始终向一个方向。

Die With Particle：拖尾跟随粒子系统销毁。

Texture Mode：设置拖尾的纹理是随着拖尾拉伸，还是复制 N 个距离平铺。

Size affects Width：勾选，Trail 的宽度会符合粒子尺寸。

Size affects Lifetime：勾选，Trail 的 Lifetime 乘以粒子的尺寸。

Inherit Particle Color：勾选，Trail 的颜色会根据粒子的颜色调整。

Color over Lifetime：控制整个 Trail 的粒子的整个生命周期的颜色。

Width Over Trail：用于控制 Trail 在曲线上的宽度。

Color Over Trail：用于控制 Trail 在曲线上的颜色。

Generate Lighting Data：生成光线数据。

Shadow Bias：阴影值。

（2）选择 Ribbon（带子）模式（见图 5-112）

根据整个粒子系统生成连续的拖尾。

Ribbon Count：生成的拖尾数量。

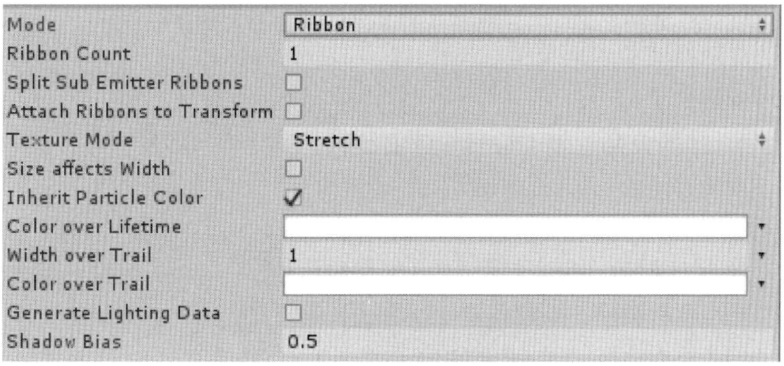

图 5-112　Trails 模块 Ribbon 模式

Split Sub Emitter Ribbons：在用作子发射器的系统上启用时，相同的父系统粒子生成的粒子使用一个效果。

下面的参数和 Particles 模式相同。

23. Renderer（渲染）

渲染模块，设置粒子的渲染、材质等内容，如图 5-113 所示。

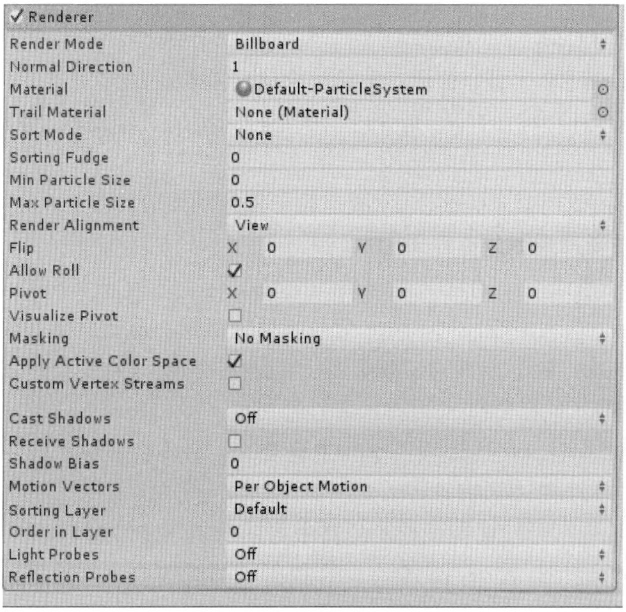

图 5-113　Renderer 模块

Render Mode：选择下列的属性生成渲染图像。

- Billboard：粒子始终面向 Camera。
- Stretched Billboard：粒子面向相机，但应用了各种缩放。下列介绍它的各个参数。

　　Camera Scale：根据相机移动拉伸粒子。将此值设置为 0 可禁用相机移动拉伸。

　　Velocity Scale：按比例拉伸粒子的速度。将此值设置为 0 可禁用基于速度的拉伸。

　　Length Scale：沿着它们的速度方向按比例拉伸粒子的当前尺寸。将此值设置为 0 会使粒子消失，有效长度为 0。

- Horizontal Billboard：按粒子平面角度渲染。
- Vertical Billboard：粒子在世界 Y 轴上是直立的，但转向面向相机。
　　Mesh：通过网格渲染生成粒子。
　　None：不渲染粒子。

　　Normal Direction：法线方向。为 1 指向相机的法线，为 0 指向屏幕中心（仅 Billboard 模式下有效）。

　　Material：材质。

　　Trail Material：拖尾的材质。仅在启用 Trail 模块时可用。

　　Sort Mode：粒子的显示顺序，新粒子在上，还是旧粒子在上。

　　Sorting Fudge：粒子排序偏差。较低的值会增加粒子系统在其他透明物体上绘制的相对机会。

　　Min Particle Size：最小的尺寸，注意值为视窗大小百分比。

　　Max Particle Size：最大的尺寸，注意值为视窗大小百分比。

　　Render Alignment：粒子面向的方向。

- View：粒子面向相机平面。
- World：粒子与世界轴对齐。
- Local：自身坐标系。
- Facing：粒子面向 Camera 的位置。

　　Flip：沿某个轴上的镜像一部分粒子。值越大会翻转的粒子越多。

　　Allow Roll：控制面向摄像机的粒子是否可以围绕摄像机的 Z 轴旋转。禁用此功能对于 VR 应用特别有用。

　　Pivot：修改旋转粒子的中心枢轴点。该值是粒子径值的乘数。

　　Visualize Pivot：在场景视图预览粒子轴点。

　　Masking：设置粒子系统渲染的粒子在与 Sprite Mask 交互时的行为方式。

- No Masking：粒子系统不与任何 Sprite 交互面膜的场景，这是默认选项。
- Visible Inside Mask：粒子在 Sprite Mask 覆盖的地方可见。
- Visible Outside Mask：粒子在 Sprite Mask 外部可见。

　　Apply Active Color Space：在线性颜色空间中渲染时，系统会在粒子颜色上传到 GPU 之前转换粒子颜色。

　　Custom Vertex Streams：可配置的顶点着色器中可用的粒子属性材料。

　　Cast Shadows：如果启用，粒子系统会在阴影投射光照射到它时创建阴影。

- On：选择开以启用阴影。
- Off：选择关闭以禁用阴影。
- Two-Sided：选择双面以允许从网格的任一侧投射阴影（意味着不考虑背面剔除）。
- Shadows Only：选择"仅阴影"以使阴影可见，但网格本身不可见。

　　Receive Shadows：决定阴影是否可以投射到粒子上。只有不透明材质才能接收阴影。

　　Shadow Bias：沿着灯光方向移动阴影，以消除由于使用 Billboard 到 Noise 模块而导致的阴影瑕疵。

Sorting Layer：渲染器排序图层的名称。

Order in Layer：此渲染器在排序图层中的顺序。

Light Probes：基于探测器的光照插值模式。

Reflection Probes：如果启用并且场景中存在反射探测，则会为此 GameObject 拾取反射纹理并将其设置为内置的 Shader 均匀变量。

5.4.7　Camera（摄像机）

摄像机组件的作用就是将该组件拍摄到的内容传递到 Game 窗口，这和现实生活中的摄像机没有什么不同。在一个 Scene 场景中可以有多个摄像机，通过设置摄像机的深度、偏移等，调整多个摄像机的渲染次序和渲染位置。

摄像机实质上将自身拍到的画面渲染到 Game 窗口，让玩家看到，它就是玩家在游戏中的"眼睛"。作为眼睛就需要根据游戏情况的不同做调整，对于一个 2D 游戏，摄像机只需对游戏的视图保持摄像机不动即可。对于第一人称的射击游戏，常会将摄像机挂载到玩家角色上面，将其放置在角色眼睛的高度，可能还需要一些其他的摄像机实现一些其他的功能。对于一个策略的游戏，需要摄像机进行俯拍，俯瞰全场，以便操作。

1. Camera

在 Unity 中创建一个 Camera 后，除了默认带一个 Transform 组件外，还会附带 Camera 组件、Audio Listener 组件（接收声音），如图 5-114 所示。

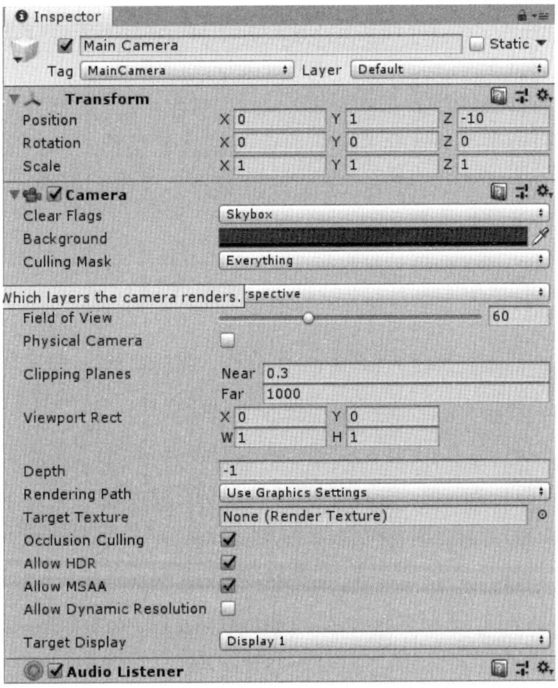

图 5-114　Camera 组件

Camera 属性如图 5-115 所示。

Clear Flags：确定摄像机视图中，空白部分填充什么内容，可选项有 Skybox，Solid Color，Depth Only 和 Don't Clear。

- Skybox：屏幕的空白部分都会渲染成摄像机的天空盒，如果当前摄像机没有天空盒，将会使用默认的天空盒。

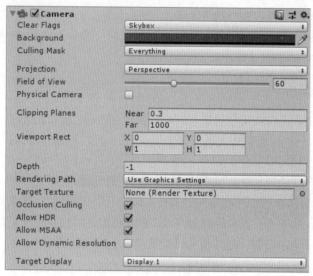

图 5-115　Camera 属性

- Solid Color：屏幕的任何空白部分都渲染成背景色。
- Depth Only：只渲染当前深度的画面，会导致空白部分什么都没有。
- Don't Clear：这个模式下不会清除上一帧颜色和深度缓存。这会导致下一帧会在上一帧的结果上进行绘制。这个模式在游戏中用得少。

Culling Mask：用于控制摄像机具体显示那一层的对象。Unity 的每一个物体，都属于一个 Layer，开发者可以根据自己的需要创建图层，并更改物体的层值。Culling Mask 的功能就是通过选取或取消对应的图层，控制物体是否在摄像机画面里出现。假如现在要隐藏处于 UI 层的对象，只需在该列表中取消勾选 UI 即可，如图 5-116 所示。

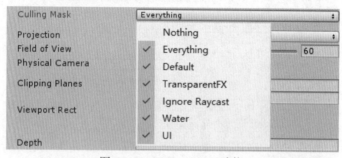

图 5-116　Culling Mask 功能

Projection：摄像机的投影方式，分透视和正交两种。

- 正交模式：投影线垂直于投影面，即平行投影，通常 2D 游戏多采用这种模式。将摄像机设成正交投影，可以看到它的投射轮廓是一个立方体，正交摄像机实现呈平行发散，如果物体位置低于摄像机位置，也只能看到物体正面，如图 5-117 所示。
- 透视模式：模拟人眼视角的观察特点，视线呈放射发散。看到的物体近大远小，如果物体低于摄像机位置则能看到物体上表面。

Size：当摄像机设成正交投影时，摄像机对应的那个长方体的大小。

Field of View：视角，透视投影时才有的特性。视角越大，能看到的视野也越大，对应的焦距也越短。

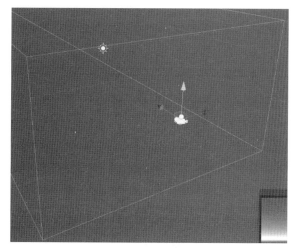

图 5-117　Camera 正交模式

Clipping Planes：视野范围，分为近视点和远视点（Near-Far），物体如果不在该范围之内的面将不被进行渲染。

Viewport Rect：指定如何将摄像机的视图绘制到 Game 窗口的比例值，利用该属性可以制作出类似于画中画的功能。

- X：摄像机视图在屏幕上的水平初始位置。
- Y：摄像机视图在屏幕上的垂直初始位置。
- W：摄像机视图占屏幕宽度的比例。
- H：摄像机视图占屏幕高度的比例。

要注意的是，U3D 屏幕的坐标系和常用的其他平面图形软件不同，其他软件是以左上角为坐标原点，而 Unity 是以左下角为坐标原点，向右为 X 轴，向上为 Y 轴，比较像平面二维坐标系。

Depth：用来设置摄像机视图的 Game 窗口下显示顺序，深度值高的摄像机视图会叠加在深度值低的摄像机视图上。

Rendering Path：用于指定摄像机使用哪种渲染方法，有下面几种：

- Use Player Settings，摄像机会使用在玩家配置里面指定的渲染路径。
- Forward，所有的对象都会被渲染为一个材质对应一个通道。
- Legacy Vertex Lit，所有被该摄像机渲染的对象都会被渲染成 Vertex-Lit 对象。
- Legacy Deferred Lighting，所有的对象在没有光照的情况下绘制一次，然后在渲染队列的末端将所有对象的光照一起绘制，也就是所谓的延迟光照技术。

Target Texture：可将摄像机视图渲染到 Render Texture 纹理中。

Occlusion Culling：是否启用此相机的遮挡剔除。

Allow HDR：启用此相机的高清渲染管线。

Allow MSAA：是否启用多样本抗锯齿功能。

Allow Dynamic Resolution：是否启用此摄像机的动态分辨率渲染。

Target Display：渲染到的外部显示设备。最多支持 8 个。

2. Camera 类

（1）aspect：设置摄像机视角比例

语法结构：public float aspect{set;get;};

属性解析：此属性用于获取或设置 Camera 视角的宽高比。例如，camera.aspect=2，则 camera 的宽度/高度=2。

（2）main：指定调取 Tag 是 MainCamera 的摄像机

语法结构：public static Camera main { get; }

（3）current：获取当前的摄像机

语法结构：public static Camera current { get; }

（4）allCameras：获取场景下所有启用摄像机

语法结构：public static Camera[] allCameras { get; }

（5）allCamerasCount：获取场景下所有摄像机数量

语法结构：public static int allCamerasCount { get; }

（6）cullingMask：摄像机按层渲染

语法结构：public int cullingMask{get;set;};

属性解析：此属性用于按层渲染，有选择性地渲染场景中的物体。对应的组件面板 cullingMask，默认 cullingMask=-1，渲染场景中任何物体。cullingMask=0，不渲染场景中任何一层。

举例：如果只渲染 1、2、3 层。

14=2+4+8；2、4、8 分别对应的是 1、2、3 层的层号。

cullingMask=14;

或者用如下方法，下面的方法是用位运算的方式进行计算。

cullingMask=（1<<2）+（1<<3）+（1<<4）来实现。

（7）rect：摄像机渲染范围

语法结构：public Rect rect { get; set; };

属性说明：返回摄像机渲染范围。对应组件面板上的 ViewportRect，返回比例值。

（8）pixelRect：摄像机渲染范围

语法结构：public Rect pixelRect{ get; set; };

属性说明：返回摄像机渲染范围。对应组件面板上的 ViewportRect，返回实际值。

（9）pixelHeight：摄像机渲染高度

语法结构：public float pixelHeight{ get;};

属性说明：返回渲染高度。

（10）pixelWidth：摄像机渲染宽度

语法结构：public float pixelWidth{ get;};

属性说明：返回渲染宽度。

（11）targetTexture：获取组件的 TargetTexture

语法结构：public RenderTexture targetTexture{ get; set;}

属性说明：目标纹理，用来将摄像机视图渲染到 RenderTexture 纹理，对应属性面板的

TargetTexture。

（12）ScreenPointToRay：屏幕坐标点向场景内发射射线

语法结构：public Ray ScreenPointToRay(Vector3 position);

方法说明：从 Game 窗口屏幕坐标向场景内发射射线，如果射线未能碰撞到物体，则返回值 Vector3（0,0,0），参数 z 值无效。

（13）ViewportPointToRay：视角窗口向场景中发射射线

语法结构：public Ray ViewportPointToRay(Vector3 position);

方法说明：从摄像机视角向场景中发射一条射线，如果未能碰撞到物体，返回的 hit.point 的返回值为 Vector(0,0,0)，参数 z 值无效。

（14）ScreenToViewportPoint：坐标系转换，屏幕转换视角坐标

语法结构：public Vector3 ScreenToViewportPoint(Vector3 position)

语法说明：实现屏幕坐标向摄像机视角的单位坐标系转换，参数 z 值无效。返回值的坐标 x，y 是实际值。

（15）ScreenToWorldPoint：坐标系转换，屏幕转换世界坐标

语法结构：public Vector3 ScreenToWorldPoint(Vector3 position);

方法说明：将屏幕参考坐标转换到世界坐标系。参数 z 值无效。返回值的坐标 x，y 是实际值。

（16）WorldToViewportPoint：坐标系转换，世界坐标转换视角坐标

语法结构：public Vector3 WorldToViewportPoint（Vector3 position）

方法说明：实现世界坐标向摄像机视角的单位坐标系转换，返回值的坐标 x，y 是比例值。

（17）WorldToViewportPoint：坐标系转换，世界坐标转换视角坐标

语法结构：public Vector3 WorldToViewportPoint（Vector3 position）

方法说明：实现世界坐标向摄像机视角的单位坐标系转换，返回值的坐标 x，y 是比例值。

（18）ViewPortToWorldPoint：坐标系转换，视角坐标转换世界坐标

语法结构：public Vector3 ViewPortToWorldPoint(Vector3 position);

方法说明：将视窗参考坐标转换到世界坐标系。返回值大小受当前 Camera 的 fieldOfView 值以及参考点 position 影响。参考点的坐标 x，y 是比例值。

（19）ViewPortToScreenPoint：坐标系转换，视角坐标转换世界坐标

语法结构：public Vector3 ViewPortToScreenPoint(Vector3 position);

方法说明：将视窗参考坐标转换到屏幕坐标系。返回值大小受当前 Camera 的 fieldOfView 值以及参考点 position 影响。参考点的坐标 x，y 是比例值。

5.4.8　Light（灯光）系统

灯光组件就是为了场景提供光照效果的组件，Unity 共提供了 4 种灯光类型：点光源、锥光灯、平行光和区域光。

1. Light 组件简介

（1）Point Light（点光源）

点光源是在场景中的一个点向周围扩散发出光的光源，如图 5-118 所示。

点光源光照范围像一个球体，好像包围在一个类似球形的物体中，可以理解为点光源的照射

范围，就像家里的灯泡可以照亮整个屋子一样。创建点光源的方式为：在 Hierarchy 视图中单击 Create→Light→Point Light 菜单项。

创建完点光源后，在 Hierarchy 视图中选择该点光源，此时右侧的 Inspector 视图中将看到这个点光源的参数信息，如图 5-119 所示。

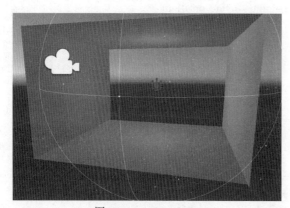

图 5-118   Point Light

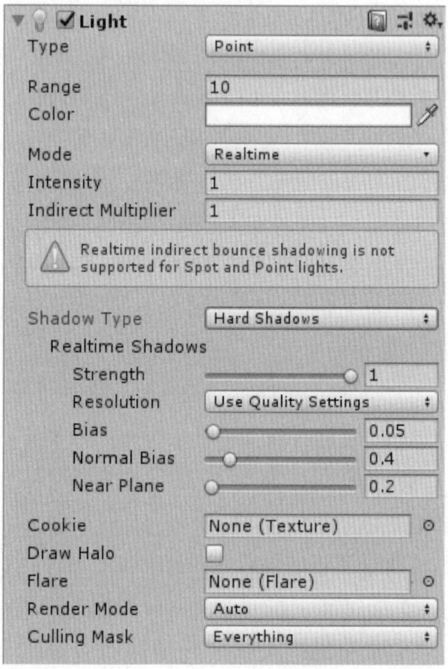

图 5-119   Point Light 参数

Type：灯光的类型，可以切换不同的灯光类型。

Range：灯光范围。

Color：灯光的颜色。

Mode：灯光阴影渲染方式。

Intensity：灯光的强度。

Indirect Multiplier：避免非灯光组件产生的灯光效果。

Shadow Type：光源投射的阴影类型，分三种类型，No Shadows（无阴影）、Hard Shadows（硬阴影柔）和 Soft Shadows（软阴影）。

Strength：阴影的暗度，以 0 到 1 之间的值表示。默认设置为 1。

Resolution：阴影贴图的分辨率。值越高效果越好，系统消耗越高。

Bias：阴影和灯光的距离，取值范围 0 ~ 2 之间。

Normal Bias：阴影投射沿法线收缩的距离，取值范围 0 ~ 3 之间。

Near Plane：渲染阴影，控制近裁剪平面的值，取值范围 0.1 ~ 10 之间。

Cookie：设置贴图的阿尔法透明通道。必须使用 Cubemap 贴图。

Draw Halo：是否在灯光中使用白雾效果。

Flare：设置光源粒子效果。

Render Mode：光照的渲染模式。

Culling Mask：通过图层控制哪些物体不受灯光影响。

（2）Spot light（锥光灯）

锥光灯的特点是场景中以一个点为起点向前方发射的一道光，光线半径越来越大，效果如同探照灯，最终的范围是一个锥形，如图 5-120 所示。

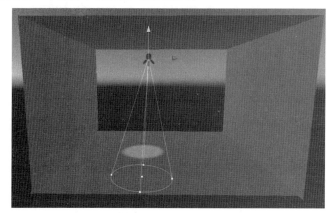

图 5-120　Spot light

灯光的创建方法都相同，这里不再单独叙述。锥光灯的属性和点光源基本详细，唯一不同的是聚光灯中有 Spot Angle 选项，该数值主要用来调节光照范围。

（3）Directional Light（平行光）

平行光用来模拟现实世界中的太阳光，由于平行光的范围是整个场景，所以灯光效果上只有照射方向而没有范围。平行光可以产生阴影，可以穿透半透明材质物体，如图 5-121 所示。

（4）Area Light（区域光）

区域光只能用在烘焙，不会影响游戏效能。区域光会模拟出一个较大的发光表面。区域光相关参数，其中大多数设置项与点光源相同，不同的是 Width（面积光宽度），Height（面积光高度），如图 5-122 所示。

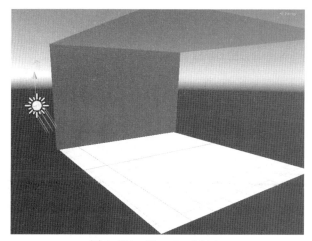

图 5-121　Directional Light

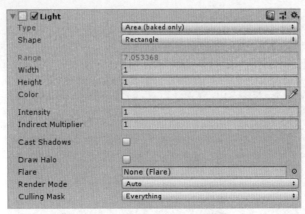

图 5-122　Area Light 参数

2. 光照贴图（Lightmap）**与烘焙**（Baking）

Lightmap 用来模拟光照效果的贴图，光照贴图的使用主要是为了减少系统在光照的运算。面板的打开顺序为 Window→Rendering→Light Setting。

光照贴图的制作是将所有参与光照的物体的 UV 重新排列组合成互不重叠的方形结构，再把光照信息烘焙到这些贴图中。这些贴图会被储存在场景文件所在目录下与场景文件同名的子目录中，所以烘焙光照贴图之前需要保存场景。

①Environment，关于环境的参数设置，如图 5-123 所示。

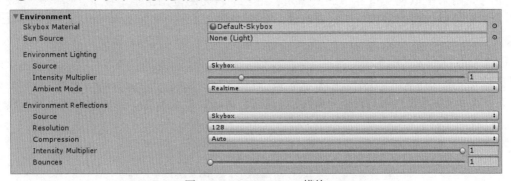

图 5-123　Environment 模块

Skybox Material：设置天空盒材质。

Sun Source：指定太阳光，通常是使用平行光。

Environment Lighting：环境光照的设置，包含三个子项。

- Source：环境光照的形式，可以使用 Skybox（天空盒），Gradient（渐变色，分三种颜色，从地平面到天顶的颜色渐变），Color（纯色）。
- Intensity Multiplier：环境光照明强度系数。
- Ambient Mode：环境光照明模式，Baked（光照贴图），Realtime（实时）。

Environment Reflections：环境反射的设置，包含五个子项。

- Source：环境反射来源，可以使用 Skybox（天空盒）、Custom（Cubemap 反射贴图）。
- Resolution：环境反射贴图分辨率。
- Compression：是否压缩环境反射贴图。
- Intensity Multiplier：环境反射强度。

● Bounces：环境反射计算次数。

②Realtime Lighting，关于实时光照烘焙的设置，如图 5-124 所示。

图 5-124　Realtime Lighting 模块

Realtime Global Illumination：是否进行实时光照烘焙。

③Mixed Lighting，混合光照烘焙的设置，如图 5-125 所示。

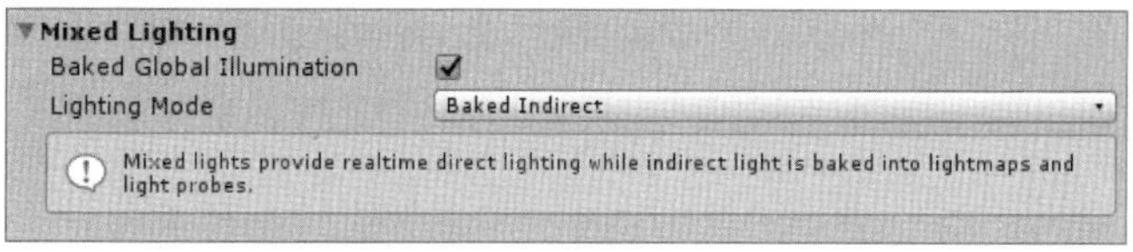

图 5-125　Mixed Lighting 模块

Baked Global Illumination：是否进行混合光照烘焙。

④Lightmapping Settings，光照烘焙的设定，如图 5-126 所示。

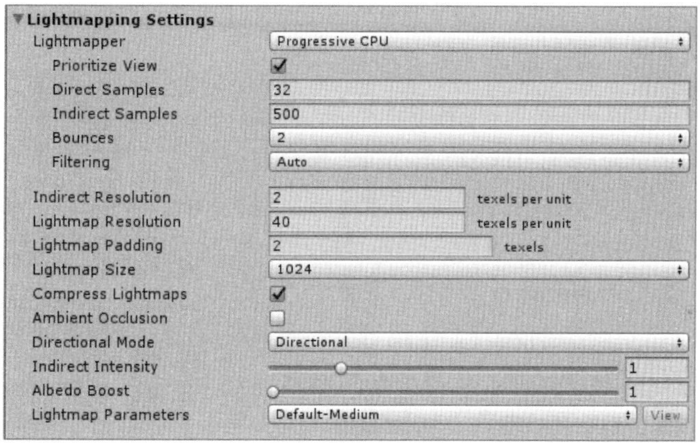

图 5-126　Lightmapping Settings 模块

Lightmapper：选择光照烘焙器，包含六个子项。

● Prioritize View：勾选，使渐进式光照贴图器将更改应用于场景视图中当前可见的纹理像素，然后将更改应用于视口外的纹理像素。

● Direct Samples：直接光采样数量。

● Indirect Samples：间接光采样数量。

● Environment Samples：光照映射器用于环境光照计算的样本数量。

● Bounces：使用此值可以指定跟踪路径时要执行的间接反射次数。

● Filtering：配置渐进式光照贴图器处理应用于光照贴图以限制噪声的方式。None（不对光照贴图使用任何滤镜或去噪）、Auto（系统对光照贴图进行后期处理）、Advanced（为每种光照贴图目标手动配置选项）。

Indirect Resolution：间接光照分辨率，数值越高，光照细节越高。

Lightmap Resolution：光照贴图分辨率。

Lightmap Padding：两个物体的 Lightmap 之间的距离。

Lightmap Size：光照贴图大小（最大 4096）。

Compress Lightmaps：是否压缩光照贴图。

Ambient Occlusion：是否烘焙环境光遮罩。

Indirect Intensity：间接光照的强度。

Lightmap Parameters：设置详细的光照贴图参数。

⑤Other Settings，其他设置，如图 5-127 所示。设置完成需要单击 Generate Lighting 按钮烘焙光照贴图。

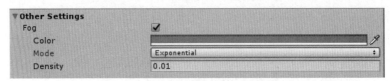

图 5-127　Other Settings 模块

Fog：添加场景雾效。

● Color：雾效颜色。

● Mode：雾效衰减模式。

● Density：雾效密度。

5.4.9　动画系统简介

Unity 早期版本的动画系统是 Animation，功能相对有限，且不是很方便，之后 Unity 推出了新的动画系统，这个系统非常灵活强大，新动画系统支持动画融合、混合、叠加动画，骨骼肌肉设置等，而且将老版本的 Animation 也结合到该系统中，形成了新的动画系统。

Unity 动画系统，也称为 Mecanim，提供了以下几个模块。

Animator：负责控制动画的切换的工作流程，设置动画遮罩，控制动画的融合、叠加。

Animation：在 Unity 内制作形变、缩放等补间动画。

骨骼设置模块：可以设计人形骨骼、通用骨骼。

肌肉模块：可以调整骨骼模型动画的运动幅度。

1. Animation Clip（动画片段）

动画片段是 Unity 动画系统的基本元素。动画片段可以从外部源导入，另外也可以通过 Animation 一个简易的内置动画编辑器，从头创建动画片段。

Loop Time：循环播放。

Additive Reference Pose：添加动作。

Curves：曲线，用来设置一个数值，让数值随着动画的播放来变化。

Events：事件，在动画播放到一定位置时，触发到对应的方法。

Mask：动画遮罩，控制骨骼动画的某部分不受动画影响，如将一个走动动画中的模型两臂关掉，那么在播放走动动画的时候，会看到人物的两臂将不再摆动，仿佛脱臼一样。

Motion：模型，根结点运动。

Import Message：列出信息。

有些模型所包含的动画文件可以是多个，每一个文件是都一个动作动画，而有的模型文件中却只有一个动画文件，这个动画文件将人物的所有动作动画都包含在内，这样的话就需要进行一次动画的分割，如图 5-128 所示。

单击图中加号按钮，即新创建一个动画，然后通过下方的动画窗口查看所需要分割的动画效果，通过调整起始帧和结束帧细化动画效果，达到满意效果后，单击 Apply 按钮完成分割，如图 5-129 所示。

图 5-128　动画分割添加

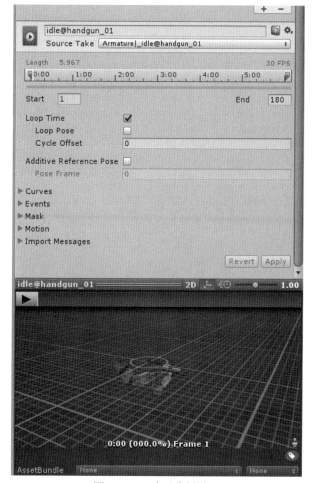

图 5-129　动画分割设置

2. 导入动画

Unity 可以导入的动画模型有 Maya（.mb 或.ma），3D Studio Max（.max）和 Cinema 4D（.c4d）文件，支持的最好的是.FBX 文件。导入模型只要将模型文件拖动到项目的 Assets 文件夹即可。模型导入后，单击选中模型文件，在属性面板可以看到该模型的属性参数，如图 5-130 所示。

Scale Factor：此值可设置原始模型文件的缩放比例。如果导入的模型尺寸和其他模型尺寸大小有差距，最好是通过修改这个属性来调整模型大小，而不是在 Transform 组件中调整 Scale 值来进行缩放，因为调整 Scale 值会影响子物体的缩放大小，而调整 Scale Factor 进行缩放，场景中对应 GameObject 物体的缩放值仍然是 1。

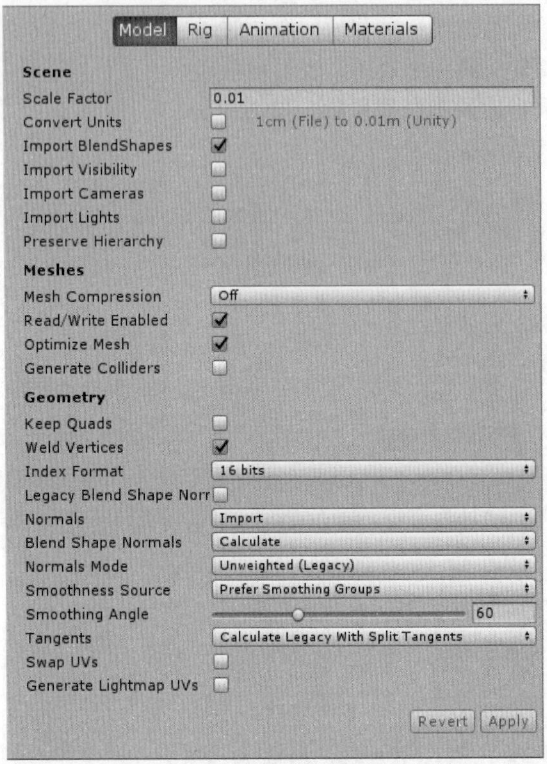

图 5-130　模型参数

Convert Units：定义的模型比例转换为 Unity 单位的比例。

Import BlendShapes：允许 Unity 使用网格物体导入 BlendShapes。

Import Visibility：是否启用 MeshRenderer 组件。

Import Cameras：从.FBX 文件导入相机。

Import Lights：从.FBX 文件导入灯光。

Preserve Hierarchy：为模型创建一个明确的根节点。保留原有层次结构。

Mesh Compression：设置压缩率级别。其包含四个子项，分别是 Off（不压缩）、Low（低压缩）、Medium（中压缩）、High（高压缩）。

Read/Write Enabled：勾选后，可以在运行时实时获取 Mesh 数据。例如，动态修改网格或复制网格数据等。

Optimize Mesh：是否使用网格中三角形的排列顺序，提高 GPU 性能。包括四个子项：Nothing（没有优化）、Everything（对多边形和顶点的顶点和索引重新排序）、Polygon Order（重新排列多边形）、Vertex Order（重新排列顶点）。

Generate Colliders：启用使用网格物体，网格物体自动附加。

Keep Quads：启用此选项可避免将具有四个顶点的多边形网格转换为三角形网格。

Weld Vertices：如果网格的同位置顶点的属性（包括 UV，法线，切线和 VertexColor）相同，那么则可以将这些点合并。

Index Format：定义网格索引缓冲区的大小，有三个子项，分别是 Auto（系统自动分分配）、16 bit（16 位字节、32bit）。

Normals：定义是否以及如何计算法线，分三个子项，分别是 Import（从模型文件导入法线）、

Calculate（计算法线）、None（禁用法线）。

Smoothness Source：设置模型的平滑规则，有四个子项，分别是 Prefer Smoothing Groups（尽可能使用模型的平滑组）、From Smoothing Groups（只使用模型的平滑组）、From Angle（通过角度确定平滑位置）、None（不平滑）。

Tangents：如何导入或计算顶点切线，有五个子项，分别是 Import（从文件导入顶点切线）、Calculate Tangent Space（MikkTSpace 计算切线）、Calculate Legacy（使用传统算法计算切线）、Calculate Legacy – Split Tangent（使用传统算法计算切线，并在 UV 图表之间进行拆分）、None（不导入顶点切线）。

Swap UVs：交换网格中的 UV 通道。

Generate Lightmap UVs：为光照贴图创建第二个 UV 通道。

3. Animation 界面

Animation 组件是 Unity 提供用来制作形变动画的组件。在 Animation 窗口中可以查看动画片段的曲线，如图 5-131 所示。

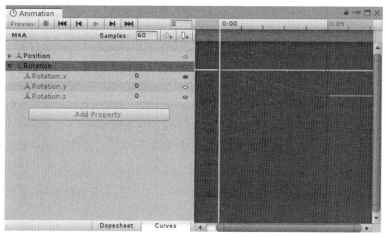

图 5-131　动画片段曲线

单击窗口中的 Dopesheet 按钮，切换到关键帧模式。图中的 Position 和 Rotation 时间轴上都有关键帧，这说明物体有位移和旋转动画。单击 Position 或 Rotation，可以查看在具体分量上的动画关键帧，如图 5-132 所示。

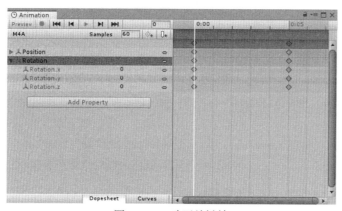

图 5-132　动画关键帧

这是查看已有动画文件，如果想创建新的动画文件，那么需要先选中对应物体，再打开 Animation 窗口，如图 5-133 所示。

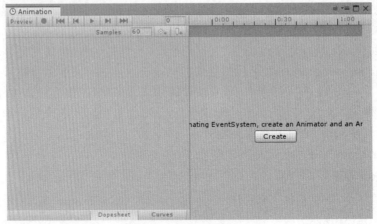

图 5-133　创建新的动画

单击 Create 按钮，保存动画文件，会显示该物体动画窗口，如图 5-134 所示。

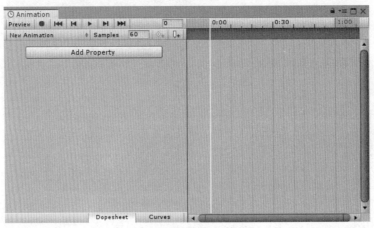

图 5-134　物体动画窗口

单击 Add Property 按钮选择要进行动画的属性，可以是 Scale、Rotation、Position，也可以是 Active 属性等，选中后，会出现对应的时间轴。只要在时间轴上右击添加关键帧即可完成动画的生成。生成的结果和图 5-135 类似。

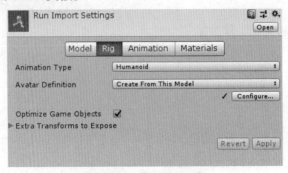

图 5-135　模型设置面板

4. 结构类型动画

Mecanim 动画系统特别适合于类人动物骨骼的动画。由于人形骨骼在游戏中广泛使用，Unity 提供了专门的工作流程，还有一个用于人形骨骼的模块。

除了少见的例外情况，类人生物模型可以具有相同的基本结构，连接的身体、头部和四肢代表了主要表达部分。Mecanim 系统充分利用了这一想法，简化了动画的装配和控制。创建动画的一个基本步骤是建立 Mecanim 所能理解的简化人形骨骼结构与骨骼动画中存在的实际骨骼之间的映射，在 Mecanim 术语中，这个映射叫作 Avatar。本节中将说明如何为模型创建 Avatar。

当一个模型文件创建完成并且导入之后，可以在 Rig 面板 Animation Type 选项中指定它的导入骨骼动画类型。Animation Type 包含四个子项，分别是 None（没有）、Legacy（Unity 早期的骨骼动画类型）、Generic（通用骨骼类型）、Humanoid（人形骨骼动画），这里主要讲 Humanoid 类型。选择 Humanoid，然后单击 Apply 按钮，系统会尝试将模型骨骼结构匹配到 Avatar 骨骼结构。大部分情况下，部分操作自动完成。

如果匹配成功，会看到在 Configure 菜单边上出现一个 √ 标记，并且会添加一个 Avatar 子资源到模型资源中，可以在 project 窗口中看到它。

选择这个 Avatar，此时在 inspector 面板上会出现一个 Configure Avatar 的按钮，单击该按钮将会进入 Avatar 的配置界面。只有选择 Humanoid 模式才可能正确匹配 Avatar，如图 5–136 所示。

图 5–136　Avatar 配置

如果 Mecanim 未能成功正确生成 Avatar，在 Configure 按钮旁边看到一个 × 标记，并且不会添加 Avatar 子资源。这种情况下，则需要手动配置 Avatar。

可以选择 Avatar Definition 中的 Copy From Other Avatar 这一项，如图 5–137 所示。

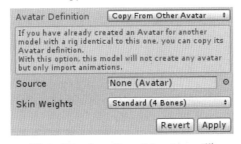

图 5–137　Copy From Other Avatar 项

单击 Source 按钮可以从其他的 Avatar 中选到当前模型中，为当前模型手动配置 Avatar。

配置完成后，单击 Configur 按钮，可以进入 Avatar 的调节界面，在调节之前需要保存场景。因为在调节模式下，场景窗口用于单独显示所选模型的骨骼、肌肉和动画信息，类似于进行了场景跳转，如图 5–138 所示。

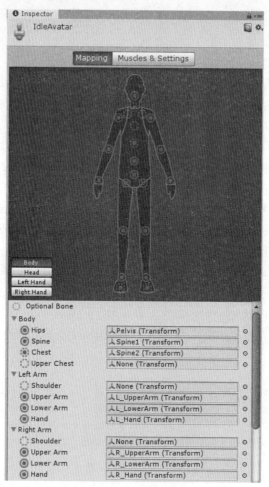

图 5-138　骨骼面板

在图中的人中，有一些圆点，这些圆点代表模型的关节点，如果圆点是绿色的说明该模型匹配了该关节点，而灰色的点则表示该模型没有匹配该关节点，而关节点周围的实线圈代表该关节点是必须匹配的，虚线圈则表示该关节点可以不匹配，并不是必要关节点。可以手动配置对应的关节点，如图 5-139 所示。

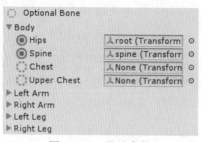

图 5-139　骨骼参数

在图 5-140 中，有四个按钮，分别是 Body（身体）、Head（头部）、Left Hand（左手）、Right Hand（右手），图 5-139 是 Body 节点窗口，图 5-140 是 Left Hand 节点窗口。可以在这几个节点窗口中，更加细致地设置相关身体部位的关节节点，动画模型更精细。

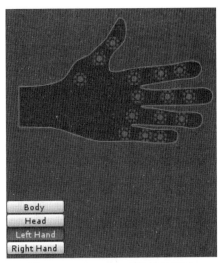

图 5-140 Left Hand 的节点窗口

如图 5-141 和图 5-142 所示,有两个下拉菜单,Pose 是设置模型姿势的模块,Reset 选项的作用是重置模型姿势,Sample Bind-Pose 选项的作用是保持骨骼的原始状态,Enforce T-pose 选项的作用是强制骨骼姿势为 T 姿势,这是 Mecanim 动画使用的默认姿势。如果看到 "Character not in T-Pose" 消息,那么可以尝试通过 Enforce T-Pose 选项来修复,最终呈现为 T 形姿势。

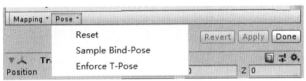

图 5-141 Pose 模块

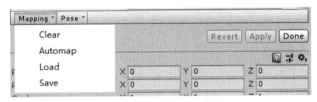

图 5-142 Mapping 模块

Mapping 关节调节模块的匹配模块,Clear 选项用来清除所有骨骼关节点,Automap 选项用来自动匹配骨骼的关节点,Load 可以读取之前保存的骨骼关节点的配置信息,Save 可以保存关节点配置信息。

调整完成后单击 Apply 按钮完成骨骼节点的配置。

如图 5-143 所示,Muscles&Setting 为骨骼的肌肉设置窗口,肌肉窗口的作用是在不改变动画文件的前提下,调整关节的动画幅度。Muscle Group Preview 窗口是根据预先定义的变形方法对对应的骨骼进行调整。

如果想对骨骼上每个关节进行单独调整,可通过 Muscles&Settings 模块下的其他窗口进行细节调整。

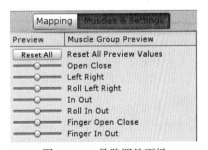

图 5-143 骨骼调整面板

5. Avatar Mask

Avatar Mask 的作用是动画遮罩，可以让骨骼中的某部分关节不随着动画运动，这个功能在实际的游戏应用中是非常有用的。例如，人物步行动画可能会有多种情况，像空手的走动、持枪的走动、瞄准时的走动等。如果每个情况都制作一个动画，那么工作量会增加很多，可以使用 Avatar Mask 限制走路的动画上部运动，通过控制持枪动作的下部动作，之后在 Animator 中将两个动画同时播放，用这种方式可以组合出很多种组合动画。Avatar Mask 窗口如图 5-144 所示。

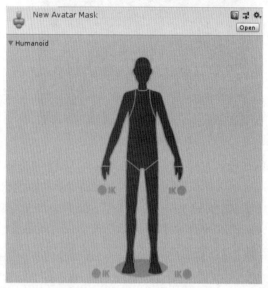

图 5-144　Avatar Mask 窗口

Avatar Mask 的使用，前提是模型的 Animation Type 必须是 Humanoid，之后可以在窗口中通过点选对应部位来选择需要被控制的骨骼，绿色为受动作的影响，红色为不受动作的影响。在这里还可以对关节的 IK 反向动力学影响进行设置。

6. Animator

Animator 组件在 Unity 中的动画组件可以让一个物体拥有动画效果，如图 5-145 所示。

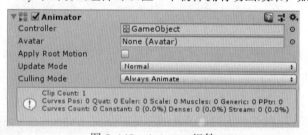

图 5-145　Animator 组件

Controller：为动画组件添加动画控制器，动画控制器主要控制动画的过渡、切换的效果。其包含一个或多个状态机，使用各种类型的参数，决定状态的转换和融合，确定在什么时候播放哪个动画。

Avatar：绑定角色模型的骨骼，当添加了这种类型的角色时，Avatar 选项会自动获取对应的资源，对于没有骨骼绑定的对象而言，不需要使用 Avatar。

Apply Root Motion：是否开启 Root Motion 动画，模型动画可以分为两种，Root Motion 动画和

非 Root Motion 动画,Root Motion 动画的特点是动画在运动中会产生位移,例如,走动的 Root Motion 动画、会越走越远,而非 Root Motion 动画,人物的走动是在原地的,并不产生位移。

Update Mode:Animator 的更新模式,有三个子项,Normal(与 Update 调用同步更新)、Animate Physics(使用物理引擎的更新)、Unscaled Time(与 Update 调用同步更新,但不缩放动画播放速度)。

Culling Mode:动画播放模式。有三个子项,Always Animate(一直播放)、Cull Update Transforms(当渲染器不可见时,将禁用 IK 等)、Cull Completely(当渲染器不可见时,禁用动画)。

7. Animator Controller

Animator Controller(动画控制器),动画控制器的生成和材质等素材的生成方法相同,可以通过在 Project 资源窗口内,右击弹出生成列表,选择其中的 Animator Controller 命令。双击 Animator Controller 文件,弹出 Animator 窗口,该窗口中显示的就是动画控制器文件中的所有内容,如图 5-146 所示。

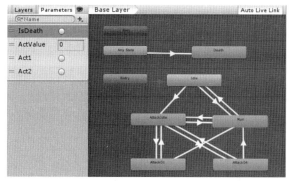

图 5-146　Animator 窗口

（1）变量属性

Parameters 标签可以设置各种类型的参数,运行参数实现不同动画间的过渡。参数类型有四种,分别是 Float、Int、Bool 和 Trigger。前三个都比较好理解,均属于基本数据类型。最后一个 Trigger 则是一个与 Bool 类似的参数,同样拥有 True 和 False 两种状态,但是不像 Bool 在设置为 True 后会一直维持,Trigger 在触发后,立刻变回 False。Trigger 类型的变量通常应用在射击、跳跃这类不能按住持续触发的过渡中,如图 5-147 所示。

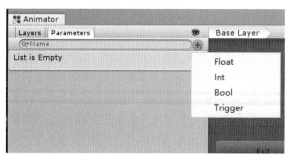

图 5-147　变量属性

（2）动画图层

该区域由两个标签构成,分别是 Layers 和 Parameters。Layers 标签页表示动画的图层,可以根据实际需求分层布置动画,属性如图 5-148 所示。

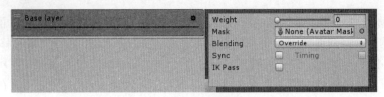

图 5-148　动画图层

Weight：动画层的权重值，控制图层的优先级。

Mask：Avatar Mask，动画遮罩。

Blending：重置动画，保护两个子项，Override 表示覆盖其他层的动画；Additive 将当前动画叠加到其他动画上。

Sync：同步其他层。

Ik Pass：反向运动。即由骨骼子节点带动骨骼父节点，如通常的骨骼动画都是由大臂带动小臂，但也存在小臂运动带动大臂的情况。这种情况就属于反向运动，如果需要调用 Animator 的反向动力学方法，如 SetIKPositionWeight，SetIKRotationWeight，SetIKPosition，SetIKRotation，SetLookAtPosition，bodyPosition，bodyRotation，则需要勾选 IK Pass。

（3）状态机属性

如图 5-149，选中一个动画状态，会显示一个动画状态机的属性面板。

图 5-149　状态机属性

Motion：对应的动画。

Speed：动画播放的速度，默认值为 1，表示速度为原动画的 1.0 倍。

Multiplier：速度播放系数。

Mirror：是否将动画沿 Y 轴进行翻转。

Cycle Offset：周期偏移，取值范围为 0 ~ 1.0，用于控制动画起始的偏移。

Foot IK：是否开启脚部的 IK 动画（反向动力学），关闭后，在需要脚部贴合地面的情况时可以开启。

Write Default：如果空状态播放一次，重置状态。

Transition：过渡顺序，当一个动画状态有多个过渡状态的时候，可以在这个模块调整动画状态之间的顺序。

（4）动画状态机

如图 5-150 所示，该窗口是 Animator Controller 中最主要的窗口，动画的过渡主要在这个窗口中实现。

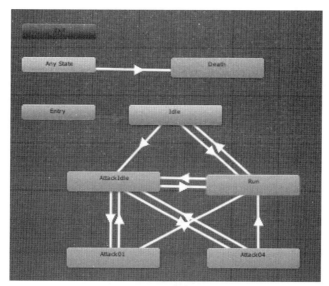

图 5-150　动画状态机

Animator Controller 都自带三个状态：Any State，Entry 和 Exit。

青色 Any State，表示任意状态，例如，制作一个死亡状态的过渡，通常希望可以从任何状态下都有可能切换到死亡状态，如果从每个状态都连线的话，那么场景中的线就会很多，既难看又增加了很多工作量，而 Any State 就可以解决这个问题，简化过渡关系。

绿色 Entry，表示状态机的入口，通常 Animator Controller 会控制很多 Animation，最先播放的动画就是和 Entry 连接的桔色的动画，默认状态的动画是桔色。可以通过右击任意一个状态，在弹出的窗口中选择 Set as Layer Default State 命令，将该动画改成默认状态。

红色 Exit，表示状态机的出口。仅在动画控制器有多层的时候有效，用于子状态机中返回到上一层时。

（5）过渡条件

在图 5-150 中，能看到已经创建了几个自定义状态，并且 Idle 已经被设置为初始状态。在这个动画状态之间都存在着带箭头的线段，这线段代表的就是动画的过渡，而线段中的箭头就是动画过渡条件。单击箭头，弹出过渡条件窗口，如图 5-151 所示。

Has Exit Time：退出时间，勾选表示当此状态的动画结束后，会自动进行下一动画，否则就会在此状态停留。而 Setting 的 Exit Time 则可以设定什么时候此状态结束，转换至下一个状态，也可以直接调整下面蓝条设定。

Fixed Duration：过渡时间单位，勾选单位为秒，取消单位为动画百分比。

Transition Duration：动画过渡时间。

Transition Offset：可以改变下一个动画在时间轴的播放位置，也就是开始播放的时间点。

Interruption Source：中断动画过渡，默认选项是 None，也就是说从 A 动画过渡成 B 动画时无法被中断。如果选中 Current State，且 Ordered Interruption 也被勾选时，那么从 A 动画过渡到 B 动画时，同时触发了 A 动画到 C 动画的过渡，这时系统会按照动画优先度播放过渡，就是说如果此时 B 动画的优先度低于 C 动画的优先度,那么就会变成 A 动画到 C 动画的过渡。但如果是选择 Current State,而 Ordered Interuption 取消勾选,那么结果就会是 A 动画到 B 动画的过渡和 A 动画到 C 动画的过渡,都能互相打断。由此得知,Ordered Interruption 是按动画的级别设定打断。Interruption Source 为 Next State 的情况下,Ordered Interruption 是无效的,Current State Then Next State 出现打断情况下,优先当下状态再下一状态,Next State Then Current State 出现打断情况下,优先当下状态再下一状态。

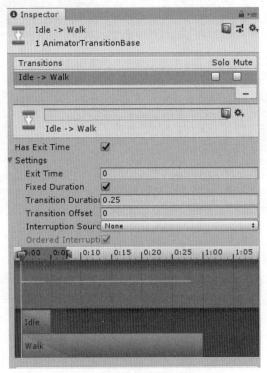

图 5-151 动画过渡面板

动画过渡条件如图 5-152 所示。

图 5-152 动画过渡条件

根据参数的类型不同,过渡条件也不一样。Int 类型的条件是 Less(小于)、Great(大于)、Equals(等于)、Not Equals(不等于)。Float 类型的条件只有 Less(小于)、Great(大于)。Bool 类型的条件是 true 和 false。Trigger 类型的条件不用填。

(6)实例

用程序控制人物抬手抓某个小球,新建一个小球,将小球赋给人物的右手上并调整到手心上,建个类,名为 IKCtrl,把类拖拽到人物上。

```
using UnityEngine;
using System;
using System.Collections;
public class IKCtrl : MonoBehaviour {
```

```
//动画控制
protected Animator animator;
//是否开始 IK 动画
public bool ikActive = false;
//右手子节点参考的目标 在场景中建一个小球摆放到人物右手上并赋值到这个参数
public Transform rightHandObj = null;
void Start ()
{
animator = GetComponent<Animator>();//得到动画控制对象
}
//以下是回调访法。前提是在 Unity 导航菜单栏中打开 Window->Animator, 打开动画控制器窗口,
在这里必须勾选 IK Pass
void OnAnimatorIK()
{
if(animator==null)  //没有动画控制器则返回
{
    return();
}
if(ikActive){
        animator.SetIKPositionWeight(AvatarIKGoal.RightHand,1f);
      animator.SetIKRotationWeight(AvatarIKGoal.RightHand,1f);//设置外部物体
所在位置的右手位置和旋转
if(rightHandObj!= null){
//设置右手根据目标点而旋转移动父骨骼节点
animator.SetIKPosition(AvatarIKGoal.RightHand,rightHandObj.position);
animator.SetIKRotation(AvatarIKGoal.RightHand,rightHandObj.rotation);
}
}else{ //如果取消 IK 动画, 则重置骨骼的坐标
animator.SetIKPositionWeight(AvatarIKGoal.RightHand,0);
animator.SetIKRotationWeight(AvatarIKGoal.RightHand,0);
}
}
}
```

运行状态下移动新建的小球，你会发现人物的右手开始 IK 动画了。

本 章 小 结

本章介绍了 Unity3D 开发引擎，该引擎是目前主流的虚拟现实编译器，系统学习能够为之后的开发奠定基础。

第 6 章
虚拟现实的应用实例

前面几章已经简要介绍了 VR 的开发工具，主要是 Unity 的一些使用方法，以及 C#语言的基本编程方式。本章介绍两个项目实例，分别是基于 VR 一体机开发的物理实验室项目和基于 HTC 头盔开发的发动机拆解项目。

6.1　VR 一体机应用——物理实验室

物理实验室项目是一款服务于一体机设备的虚拟现实产品，整个系统模拟初高中的物理实验室，对一些经典物理实验进行模拟，方便学生和老师即使不接触设备也可以进行物理实验。

6.1.1　配置 Pico Goblin SDK

①该项目使用的 VR 一体机是 Pico 的 Goblin，需要导入 picoSDK，首先在 Pico 官网下载 picoSDK unitypackage（链接 http://dev.picovr.com/sdk）。之后创建场景并导入 picoSDK 的预制体（一体机控制模块），如图 6-1 和图 6-2 所示。

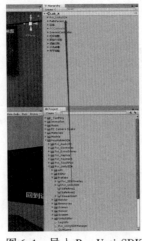

图 6-1　导入 Pvr_UntiySDK

图 6-2　配置头盔和手柄

②创建名为 ControllerManager 的空物体，并挂载 Pvr_ControllerManager 与 Pvr_Controller 类，并将 picoSDK 下的 Goblin_Controller（一体机官方的控制代码）物体拖动给 Controller0 引用，如图 6-3 所示。

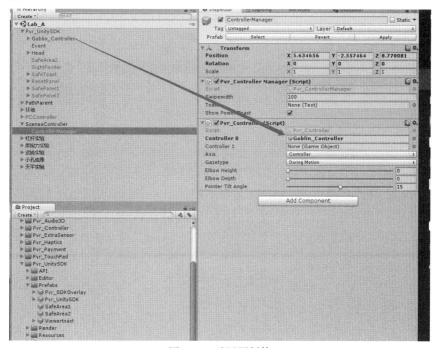

图 6-3　引用预制体

将手柄控制改为三轴控制手柄。打包测试运行正常保证 SDK 功能正常。

③导入场景文件，并调整好模型的位置，如图 6-4 所示。

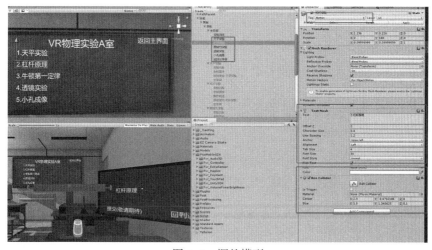

图 6-4　调整模型

6.1.2　主场景方法

首先要进行主场景的制作，以主场景作为核心场景，把大多数的基础类和核心控制类添加在这个场景中。

1. ScenesController 类

每个对应物体需要添加 boxCollider，物体为创建的 textMesh，并根据需要调整位置，tag 标签为 Button。物体的名字要与图片一致，代码如下。

```
[RequireComponent(typeof(MoveClass))]
public class ScenesController : BaseController {
public static ScenesController _instance;//单例
private static string SceneName = string.Empty;//实验名称
public Transform player;//玩家
public Transform physicPath;//实验路径
[SerializeField] Transform birthPos;//开始位置
}
```

创建空物体，命名为 ScenesController，并创建 ScenesController 类与 MoveScript 类挂载在上面。打开 ScenesController 类写上初始字段，代码如下。

```
private void Awake(){//单例与玩家位置初始化
_instance = this;
player.position = birthPos.position;
}
```

2. BaseController、RayInfo 类

创建 BaseController 类与 RayInfo 类，并打开 BaseController 类添加虚方法，等待其他类响应对应的方法，各方法响应按键的触发条件，代码如下。

```
public abstract class BaseController : MonoBehaviour{
public abstract void ChangeObjByRayInfo(RayInfo info);
protected virtual void BeginDragHandler(){};
protected virtual void EndDragHandler(){};
protected virtual void DragHoldHandler(){};
public virtual void OnUpdate(RayInfo info){};
}
```

RayInfo 类内容，代码如下。

```
public class RayInfo{
public Ray GetRay { get; set; }
public Vector3 Direction { get; set; }
public Vector3 HitPosition { get; set; }
public GameObject HitGameObject { get; set; }
public Collider HitCollider { get; set; }
public float StartToEndValue { get; set; }
public Transform StartTransform { get; set; }
public Transform EndTransform { get; set; }
public string HitObjectTag { get; set; }
public RaycastHit RaycastHit { get; set; }
public bool IsDownOrUp { get; set; }
}
```

写入程序完毕后，回到 ScenesController 类，将 ScenesController 类继承的 MonoBehaviour 改为 BaseController，并重写 ChangeObjWithKeyDown 方法，代码如下。

```
//控制场景的变化
public override void ChangeObjByRayInfo(RayInfo info){
if (!info.IsDownOrUp){
```

```
return;
}
string[] names = info.HitGameObject.name.Split('-');
string name = string.Empty;
if (names.Length >= 2){
name = info.HitGameObject.name.Split('-')[1];
}
string preName = info.HitGameObject.name.Split('-')[0];
if (preName == "前往座位") {
MoveClass._instance.GoToSeat(SelectPath(name), player, false);
BlackBord._instance.ChangeMenu(null);
GlobalHandler.TestName = name;}else if (preName == "返回主界面"){
SceneManager.LoadScene("StartMenu");
}else {
BlackBord._instance.ChangeMenu(preName);
}
}
```

该方法响应操作主界面内的按钮。GlobalHandler 类与 MoveClass 暂时未创建，可以将代码暂时注释掉。

3. BlackBord 类

创建 BlackBord 类，该类控制黑板的各种状态。添加单例模式与一个 GameObject 数组，数组控制面板切换。添加切换菜单的 ChangeMenu 方法，代码如下。

```
public class BlackBord : MonoBehaviour {
public static BlackBord _instance;
private void Awake() {
_instance = this;
}
public GameObject[] canvas;    //画布数组
}
```

添加单例模式与一个 GameObject 数组，数组控制面板切换。添加切换菜单的 ChangeMenu 方法到 BlackBord 类中，代码如下。

```
public void ChangeMenu(string go){//切换黑板界面
    foreach (Transform item in transform){
        item.gameObject.SetActive(false);
    }
if (string.IsNullOrEmpty(go)){
return;
}
Transform res = transform.Find(go);
if (!res){
    transform.Find("主菜单").gameObject.SetActive(true);
    return;
}
res.gameObject.SetActive(true);
for (int i = 0; i < canvas.Length; i++){
    if (!res || !canvas[i]){
        break;
}
```

```
if (canvas[i].name.Split('-')[1].Equals(go)){
canvas[i].SetActive(true);
}else
        canvas[i].SetActive(false);
        }
    }
    }
```

BlackBoard 内所有功能都写入完毕，再回到 ScenesController 类内，添加选择路径的方法，添加两个方法。一个用于选择实验路径，代码如下。

```
private Transform SelectPath(string name){
var path = physicPath.Find("Path_" + name);
return path;
}
```

一个用于在试验台返回讲台，至此，ScenesController 类内方法都添加完毕。

```
public void ReturnToMain(string name){
    MoveClass._instance.GoToSeat(SelectPath(name), player, true);
GlobalHandler.TestName = "ScenesController";
}
```

回到 Unity 界面，为 ScenesController 类拖动字段赋值，如图 6-5 所示。

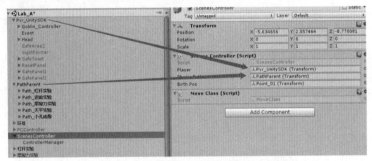

图 6-5　ScenesController 类拖拽字段赋值

每个 Path 包含三个空物体，需要自行调整位置，大致为如下位置，根据试验台位置调整，并选择 1 号讲台位置为初始 BirthPos 的 Transform 属性，并保持位置的 Y 向 position 一致，如图 6-6 所示。

图 6-6　调整物体位置

实验路径的名称不得有误，格式为 Path_XXX，如图 6-7 所示。

图 6-7　实验路径名称

4. GlobalHandler 类

调整完毕后，创建 GlobalHandler 类，挂载到 picoSDK 预制体下的 GoblinController 物体上，并在类上添加字段，代码如下。

```
[RequireComponent(typeof(LineRenderer))]
[RequireComponent(typeof(PicoController))]
public class GlobalHandler : MonoBehaviour {
    public static GlobalHandler _instance;
    public PicoController picoController;    //PIco 控制
    [HideInInspector]private GameObject cursor; //光标
    [HideInInspector]public List<TextMesh> textList;    //UIText        // (只
读) 获取当前光标的 GameObject
    public GameObject GetCurrentCursorObj{
        get { return cursor; }
}
    public LineRenderer line;
    private Dictionary<string, BaseController> _ControllersDic = new Dictionary
<string, BaseController>();
    public static string TestName = "ScenesController";
}
```

ControllersDic 负责管理所有交互模块。line 为手柄射线，Textlist 为显示文字的缓存列表。

5. PicoController 类

创建一体机控制 PicoController 类，并添加字段。

```
[RequireComponent(typeof(GlobalHandler))]
public class PicoController : MonoBehaviour {
private GameObject goblinController;
private Transform start,direction;    //射线的起始点和方向
private Ray ray;        //射线
private RaycastHit hit;
private RayInfo rayInfo = new RayInfo();
/*******射线检测回调 *******/
public delegate void EntrustCollision(RayInfo rayInfo);
public event EntrustCollision DetectCallback;
public delegate void NullCollisionDelegate(RayInfo rayInfo);
public event NullCollisionDelegate NullCollisionCallBack;
/**********End**********/
/*按键回调*/
public delegate void UpdateDelegate(RayInfo info);
public event UpdateDelegate UpdateCallBack;
}
```

字段添加完毕后，回到 GlobalHandler，添加 Awake 方法。初始化 controllersDic 列表，并注册事件 OnRaySelect，添加当射线选中物体时执行的方法。

OnRayEmpty 当射线碰撞为空时，UpdateCallBack 帧循环刷新。

```
void Awake () {
_instance = this;
picoController = GetComponent<PicoController>();
//注册方法信息
picoController.DetectCallback += OnRaySelect;
picoController.NullCollisionCallBack += OnRayEmpty;
picoController.UpdateCallBack += OnUpdate;
BaseController[] controllersArray = FindObjectsOfType<BaseController>();
for (int i = 0; i < controllersArray.Length; i++){
    _ControllersDic.Add(controllersArray[i].name, controllersArray[i]);
 }
}
```

添加 Start 方法和 InitCursor 方法，代码如下。

```
private void Start(){
    line = GetComponent<LineRenderer>();
    if(line == null){
        line = new GameObject("Ray").AddComponent<LineRenderer>();
        line.SetWidth(.01f, .01f);
    }
    InitCursor();
}
private void InitCursor(){
cursor = GameObject.CreatePrimitive(PrimitiveType.Sphere);
    cursor.transform.localScale = new Vector3(0.02f, 0.02f, 0.02f);
    cursor.GetComponent<MeshRenderer>().material.color = Color.green;
    Destroy(cursor.GetComponent<Collider>());
}
```

创建一个 cursor 实例，并更改大小与材质，创建 OnUpdate、OnRaySelect 方法，使模块进入帧循环。方法处理按键监听，射线位置更改，UI 状态监听，代码如下。

```
private void OnUpdate(RayInfo info) {
    _ControllersDic[TestName].OnUpdate(info);
}
private void OnRaySelect(RayInfo rayInfo){
    InputListenerFuction(rayInfo);        //检测按键
    cursor.transform.position = rayInfo.HitPosition;
    line.SetPosition(0, rayInfo.StartTransform.position);
    line.SetPosition(1, rayInfo.HitPosition);
    UGUIListener(rayInfo);        //检测 UI
}
```

按键监听方法为：pico 按下 touchpad 键与抬起 touchpad 键，并发送给模块响应，代码如下。

```
private void InputListenerFuction(RayInfo rayInfo){
if(PicoController.Pvr_GetKeyDown(Pvr_KeyCode.TOUCHPAD,KeyCode.S){
    rayInfo.IsDownOrUp = true;
    SelectOperation(TestName, rayInfo);
}
if(PicoController.Pvr_GetUp(Pvr_KeyCode.TOUCHPAD, KeyCode.S)){
    rayInfo.IsDownOrUp = false;
```

```
        SelectOperation(TestName, rayInfo);
    }
}
```

如下方法为 UI 状态监听方法。传入结构体参数，判断射线碰撞标签，并判断是否为 button 并做对应的处理。

```
private void UGUIListener(RayInfo rayInfo){
if(rayInfo.HitObjectTag != "Button"){
    foreach (var item in textList){
        item.color = Color.white;
    }
return;
}
Button btn = rayInfo.HitCollider.GetComponent<Button>();
if(btn) { //Button 处理
    btn.Select();
    if(PicoController.Pvr_GetKeyDown(Pvr_KeyCode.TOUCHPAD,KeyCode.S)){
            ExecuteEvents.Execute(rayInfo.HitGameObject, new PointerEventData
(EventSystem.current), ExecuteEvents.submitHandler);
        }
    } else{//TextMesh 处理
        TextMesh textMesh = rayInfo.HitGameObject.GetComponent<TextMesh>();
        textMesh.color = Color.red;
        if(!textList.Contains(textMesh)){
        textList.Add(textMesh);
    }
    }
}
```

打开 PicoController.cs 类，写入 Awake 方法，方法为字段属性赋值，start 为射线起始点，dot 为射线发射方向。添加 Update 方法，主要为执行事件触发，DetectCallback 为执行碰撞事，NullCollisionCallBack 为执行无碰撞事件，IsCollisionObject 为判断是否有碰撞条件，UpdateCallBack 为执行帧循环事件。

```
private void Awake(){
    try{
        goblinController = gameObject;
        start = goblinController.transform.Find("start");
        direction = goblinController.transform.Find("dot");
    }catch (System.Exception){
        Debug.LogError("GoblinControllerIsNotSet,        Please        addScriptOn
GoblinControllerGameObject");
    }
}
private void Update(){
    InitRayInfo();
    UpdateCallBack?.Invoke(rayInfo);
    if(IsCollisionObject()){
        DetectCallback?.Invoke(rayInfo);
    }else{
        NullCollisionCallBack?.Invoke(rayInfo);
```

```
        }
    }
```

添加 IsCollisionObject 方法，主要为 hit 字段赋值并判断是否有碰撞条件。添加 InitRayInfo 方法，用于返回碰撞信息，代码如下。

```
private bool IsCollisionObject() {    //射线碰撞检测
    Vector3 direction = this.direction.position - start.position;    //射线方向
    ray = new Ray(start.position, direction);
    return Physics.Raycast(ray, out hit, 20f);
}
/*射线信息类赋值*/
private void InitRayInfo(){
    try{
        rayInfo.StartTransform = start;
        rayInfo.EndTransform = direction;
        rayInfo.Direction = direction.position - start.position;
        rayInfo.GetRay = ray;
        rayInfo.StartToEndValue = rayInfo.Direction.magnitude;
        rayInfo.HitPosition = rayInfo.GetRay.GetPoint(7);
        if(!hit.collider){
            return;
            }
        rayInfo.RaycastHit = hit;
        rayInfo.HitObjectTag = hit.collider.tag;
        rayInfo.HitCollider = hit.collider;
        rayInfo.HitPosition = hit.point;
        rayInfo.HitGameObject = hit.collider.gameObject;
    }catch (System.Exception){
        Debug.LogError("Not Get GoblinControllerReference");
    }
}
```

主要为 rayinfo 字段赋值，StartTransform 为射线起始点，Direction 为射线方向，RayCastHit 为射线碰撞信息，HitCollider 为碰撞器，HitObjectTag 为碰撞标签，HitGameObject 为碰撞物体，HitPosition 为碰撞位置。

并且封装 pico 的按键控制方法，减少了需要判断手柄的参数，并添加了键盘按键，用于测试调试使用，代码如下。

```
 public static bool Pvr_GetKeyDown(Pvr_KeyCode pvr_Key){
    if(Controller.UPvr_GetKeyDown(0, pvr_Key)){
        return true;
    }
    return false;
}
public static bool Pvr_GetKeyDown(Pvr_KeyCode pvr_Key, KeyCode keyCode){
if(Controller.UPvr_GetKeyDown(0,pvr_Key)||Input.GetKeyDown(keyCode)){
    return true;
    }
return false;
}
public static bool Pvr_GetKey(Pvr_KeyCode pvr_Key){
```

```
    if(Controller.UPvr_GetKey(0, pvr_Key)){
        return true;
    }
    return false;
}
public static bool Pvr_GetKey(Pvr_KeyCode pvr_Key, KeyCode keyCode){
    if(Controller.UPvr_GetKey(0, pvr_Key) || Input.GetKey(keyCode)){
        return true;
    }
    return false;
}
public static bool Pvr_GetUp(Pvr_KeyCode pvr_Key){
    if(Controller.UPvr_GetKeyUp(0, pvr_Key)){
        return true;
    }
    return false;
}
public static bool Pvr_GetUp(Pvr_KeyCode pvr_Key,KeyCode keyCode){
    if(Controller.UPvr_GetKeyUp(0,pvr_Key) ||Input.GetKeyUp(keyCode)){
        return true;
    }
    return false;
}
```

6. MoveClass 类

新建 MoveClass.cs 类创建单例，与一个迭代器接口。MoveClass 只负责执行移动动作，具体移动控制结合 ScenesController 进行调用，GoToSeat 方法中的 targetPath 是目标路径，Player 执行移动的物体，Back 前进或者回退。

```
public class MoveClass : MonoBehaviour {
private IEnumerator Move;
    public static MoveClass _instance;
    private void Awake(){
        _instance = this;
    }
    public void GoToSeat(Transform targetPath, Transform player,bool back) {//
回到座位
        if(Move == null){
            Move = MoveMethod(targetPath, player,back);
            ScenesController._instance.MoveStart();
            StartCoroutine(Move);
        }
        else{
            Move = null;
        }
    }
}
```

编写 MoveMethod 方法，MoveStart 与 MoveEnd 可以去掉。MoveClass 挂载到 ScenesController 物体上，代码如下。

```
IEnumerator MoveMethod(Transform target,Transform player,bool back){
    List<Transform> path = new List<Transform>();
```

```
        foreach (Transform item in target){
            path.Add(item);
        }
        if(!back){
            for (int i = 0; i < path.Count; i++){
                Vector3 vec = path[i].position - player.position;
                Quaternion angle = Quaternion.LookRotation(vec, Vector3.up);
                while(Vector3.Distance(path[i].position, player.position) > 0.3f){
                    player.position = Vector3.MoveTowards(player.position,
path[i].position, 1f);
                    yield return new WaitForSeconds(0.02f);
                }
            }
        }else{
            for(int i = path.Count-1; i >= 0 ; i --){
                Vector3 vec = path[i].position - player.position;
                print(path[0].name);
                Quaternion angle = Quaternion.LookRotation(vec, Vector3.up);
                while(Vector3.Distance(path[i].position, player.position) > 0.3f){
                    player.position = Vector3.MoveTowards(player.position,
path[i].position, 10f);
                    yield return new WaitForSeconds(0.01f);
                }
            }
            BlackBord._instance.ChangeMenu("主菜单");
        }
    ScenesController._instance.MoveEnd();
    Move = null;
    }
```

6.1.3　物理实验内容

在下文中，我们将逐个介绍不同的物理实验和所使用的技术。

1.　摩擦力实验

导入摩擦力实验模型，并摆放好正确的位置，给毛巾棉布木板添加碰撞器，并设置名称与材质（物理材质也需要），给木板底与木板斜位添加碰撞器，防止小车移动时从木板穿越出去，并设置好物理材质，如图6-8所示。

图6-8　挡板，木板底，木板斜

如图 6-9 和图 6-10 所示，把 Canvas 拖动给 BlackBoard 管理。

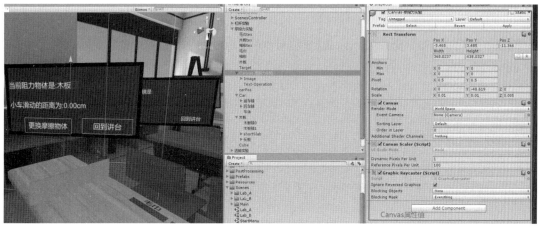

图 6-9　Canvas 属性

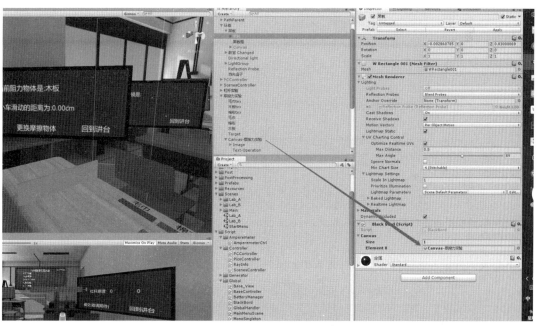

图 6-10　为 Element 0 赋值

新建类 NewTonSystem 并继承自 BaseController，挂载到摩擦力实验根层上。创建如下的变量，其中有两个 Text 类型变量需要拖动赋值。

```
public class NewTonSystem : BaseController{
public static NewTonSystem _instance;
private GameObject car;              //小车
private GameObject currentObj;       //当前阻力物体
private Transform birthPos;          //小车实例化位置
private bool isShow = false;
private Transform targetParent;      //生成目标位置父级
private Rigidbody rigCar;            //小车刚体
public Text moveDisText;             //移动距离text
```

```
private float distance;              //移动距离
public Text currentObjText;          //当前物体 text
}
```

在当前类下编写初始化方法，Awake 里编写单例，Start 内字段赋值，代码如下。

```
private void Awake(){
    _instance = this;
}
private void Start(){
    car = transform.Find("Car").gameObject;
    birthPos = transform.Find("carPos");
    targetParent = transform.Find("Target");
    rigCar = car.GetComponent<Rigidbody>();
}
```

编写检测小车检测方法，用来检测小车是否在运动。

```
public bool IsCalculate(){
return rigCar.velocity.magnitude > 0;
}
```

编写刷新方法，用来刷新小车的距离，并通过 ChangeText 方法，将更新的位置显示在 Text 组件中。

```
private void FixedUpdate(){
if(IsCalculate()&& isShow){
    distance += rigCar.velocity.magnitude;
    ChangeText(moveDisText, distance);
}
}
private void ChangeText(Text text,float distance){
 text.text = "小车滑动的距离为:" + distance.ToString("0.00") + "cm";
}
```

下面要为外部 text 组件赋值，并设置 Canvas 组件，如图 6-11 和图 6-12 所示。

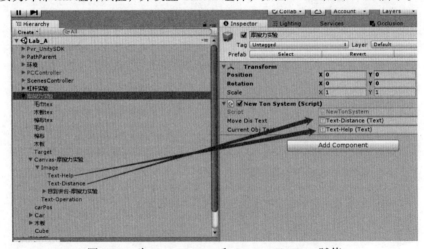

图 6-11　为 Move Dis Text 和 Current Obj Text 赋值

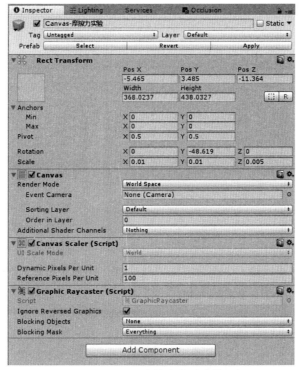

图 6-12　Canvas 摩擦力实验参数面板

　　重写控制方法，用来指示控制输入，先判断控制物体名称，名称是小车，则开始移动。如果是其他阻碍物体，进行设置障碍物，代码如下。

```
public override void ChangeObjByRayInfo(RayInfo info){
string name = info.HitGameObject.name;
if(info.IsDownOrUp){
   if(name == car.name){
      distance = 0;
      if(isShow){
         car.transform.position = birthPos.position;
         car.GetComponent<Rigidbody>().useGravity = false;
         isShow = false;
         ChangeText(moveDisText, distance);
        }else{
         car.GetComponent<Rigidbody>().useGravity = true;
         isShow = true;
        }
} else if(name == "木板" || name == "毛巾" || name == "棉布"){
      currentObj = SetOccludedObject(name);
      currentObjText.text = "当前阻力物体是:" + name;
      ChangeText(moveDisText, distance);
   }
}
}
```

　　编写设置障碍物方法，代码如下。生成新的障碍物，障碍物会被存储到字段内，如果设置过障碍物，障碍物字段存储有数据，将会提前清除。

```
private GameObject SetOccludedObject(string name){
if(currentObj){
    Destroy(currentObj);
}
GameObject go;
if(name != "木板"){
go=Instantiate(transform.Find(name).gameObject,targetParent);
    go.transform.localPosition = Vector3.zero;
} else{
    go = new GameObject();
}
return go;
}
```

2. 牛顿摆实验

新建空物体，命名为牛顿摆实验。并创建类 NewTon_RollCtrl，继承自 BaseController，导入牛顿摆实验模型，摆放好指定位置。分别为两侧的铁球命名，分别为 LeftLevel1–5 和 RightLevel1–5，如图 6–13 和图 6–14 所示。

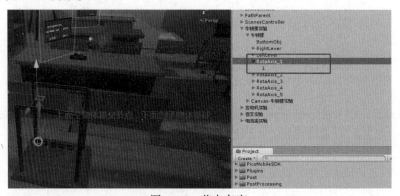

图 6–13　节点名字

图 6–14　铁球名字

新建 LockTarget.cs 类，挂载给 LeftLevel1–5 和 RightLevel1–5 十个物体，打开 LockTarget 写入以下代码。

```
public class LockTarget : MonoBehaviour {
[SerializeField] Transform _targetBall;
private Material ropeMat;
private LineRenderer line;
private void Awake(){
    InitBall();
}
```

```
private void FixedUpdate(){
    line.SetPosition(0, transform.position);
    line.SetPosition(1, _targetBall.position);
}
}
```

InitBall 方法如下，作用为初始化线条。

```
private void InitBall(){
    ropeMat = Resources.Load<Material>("Materials/" + "ropeMat");
    GameObject go = new GameObject("rope");
    go.transform.SetParent(this.transform);
    line = go.AddComponent<LineRenderer>();
    line.material = ropeMat;
    line.startWidth = .005f;
    line.endWidth = .005f;
}
```

代码完成后，回到 Unity 界面，将_targetBall 以此拖动名字相同的球，如图 6-15 所示。以此类推。该作用是在球的两端生成连接杆的线条。

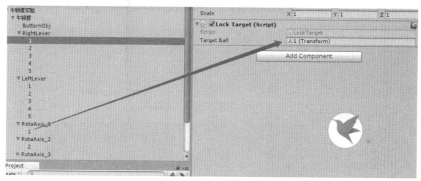

图 6-15　为 Target Ball 赋值

回到之前创建的类 NewTon_RollCtrl.cs，代码如下。

```
public class NewtonRoll_Ctrl : BaseController {
private static NewtonRoll_Ctrl instance;
public static NewtonRoll_Ctrl Instance{get; private set;}
public List<Ball> ballList;
private Animator anim;
private const string m_PlayRotaName = "StateVaule";
private int index;
private int firendIndex;
private void Awake(){
    instance = this;
}
private void Start(){
    anim = GetComponentInChildren<Animator>();
}
public void SelectRotaBallNum(int num){//确定点中的是第几个球
    var _AbsNum = Mathf.Abs(num);
    if(_AbsNum == 0){
        anim.SetInteger(m_PlayRotaName, 3);
```

```
}else if (_AbsNum == 1){
    anim.SetInteger(m_PlayRotaName, 1);
}else if (_AbsNum == 2){
    anim.SetInteger(m_PlayRotaName, 2);
}
  Invoke("FinishPlayAnimCallBack", 1f); //重置动画参数
}
```

M_PlayRotaName 为动画控制器内参数名称，要与动画控制器内名称对应，如图 6-16 所示，剩下的就是制作三个动画来展示小球运动了，如图 6-17 所示。

图 6-16　调整动画控制器

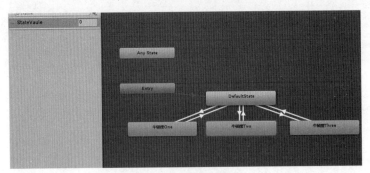

图 6-17　球运动动画

3. 电动机实验

电动机实验，模拟电路实验如图 6-18 所示。

图 6-18　电动机实验

导入电动机模型，并摆好位置，如图 6-19 和图 6-20 所示。

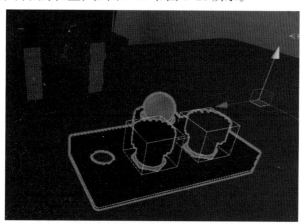

图 6-19　导入摆好模型（1）

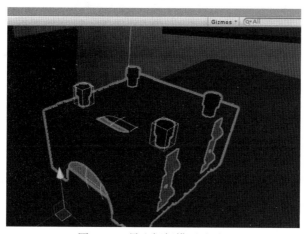

图 6-20　导入摆好模型（2）

给模型的接线柱挂载 boxCollider，如图 6-21 所示。

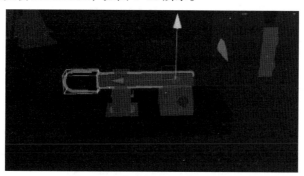

图 6-21　接线柱挂载 boxCollider

开关都挂载完毕后，创建 BindPost.cs 类和 BindPost 枚举变量，用于区分电路接线柱正负极。

```
public class BindPost : MonoBehaviour {
    /// 接线柱类型
  public BindType m_BindType;
```

```
private CircuitUnit m_CircuitUnit;
public CircuitUnit CircuitUnit{
    get{return m_CircuitUnit;}
}
private Collider _collider;
public Collider GetCollider {
    get{ return _collider; }
}
public enum BindType{
    ANODE,// 正极
    CATHODE, // 负极
}
}
```

BindPost 只有一个对外访问的方法 BindPostWithThis，用于与其他接线柱相连，将如下代码加入 BindPost 类中。

```
private void Awake(){
    m_CircuitUnit = GetComponentInParent<CircuitUnit>();
    _collider = GetComponent<Collider>();
}
public void BindPostWithThis(BindPost bind,BindType bindType){
    switch (bindType){
        case BindType.ANODE:
            m_CircuitUnit.LeftBindList.Add(bind);
        break;
case BindType.CATHODE:
            m_CircuitUnit.RightBindList.Add(bind);
        break;
    }
}
```

创建 CircuitUnit.cs 回路脚本，添加虚方法，等待电路连接状态。CircuitController 为电路控制器的类，此处先写定义，之后会创建该类。

```
public class CircuitUnit : MonoBehaviour{
[SerializeField] protected List<BindPost> leftBindList; //左接线柱集合
[SerializeField] protected List<BindPost> rightBindList;//右接线柱集合
protected CircuitController controller;
public List<BindPost> LeftBindList{
    get { return leftBindList; }
}
public List<BindPost> RightBindList{
    get { return rightBindList; }
}
protected void Awake(){
    controller = GetComponentInParent<CircuitController>();
}
public float ElectricQuantity { get; set; }  //电量大小
protected bool _CanPass = true;
public virtual void ShowCircuitStyle(){ // 展示电路元件的功能
}
public virtual void StopCircuitStyle(){ // 停止电路元件的功能
```

```
    }
    }
```

编写向通电器件发送通电通知方法。

```
public void SendElectricToNext(){
    if(leftBindList.Count > 0 && _CanPass){
        if(CircuitDontGiveShort(this)){
            controller.AddCircuitInCompleteList(this);
        }
        foreach(var item in leftBindList){
            item.CircuitUnit.ElectricQuantity = ElectricQuantity;
            if(item.CircuitUnit.GetType()    == typeof(Circuit_Cell)    ||
item.CircuitUnit.GetType() == typeof(Circuit_HandGen)){
                if(controller.IsShort()){
                    Debug.Log("短路了");
                    controller.CircuitIsShort();
                    return;
                }
                Debug.Log("完成通电");
                controller.CircuitFinishConnect();//该方法尚未定义，稍后完成
                return;
            }
            item.CircuitUnit.SendElectricToNext();
        }
    }else{
        controller.CircuitOff();
        return;
    }
}
private bool CircuitDontGiveShort(CircuitUnit unit){
    System.Type unitType = unit.GetType();
    return unitType != typeof(Circuit_Cell)  && unitType != typeof(Circuit
_Switch);
}
public void ClearAllBinds() {// 清理接线柱集合
    leftBindList.Clear();
    rightBindList.Clear();
}
```

创建 CircuitController.cs 类，用于接线柱的控制，变量如下。

```
public class CircuitController: MonoBehaviour{
private List<GameObject> finishMatchLine = new List<GameObject>(); //完成匹配的线
private List<Collider> bindColliderList = new List<Collider>();//绑定接线柱的碰撞器
private List<CircuitUnit> finishUnit = new List<CircuitUnit>(); //完成通电的电器
private List<CircuitUnit> toBeCompleteList = new List<CircuitUnit>(); //待完成的集合
private Circuit_Cell cell;
public Material LineMat { get; set; }
private GameObject preBind;
private GameObject curBind;
public ICircuitStatus circuit;
}
```

接口信息如下，注意接口内容要写在 CircuitController 类外。

```
public interface ICircuitStatus{
void CircuitFinishConnect();
void CircuitIsShort();
void CircuitOff();
}
```

编写 CircuitController 类的 Awake 与 Start 方法，代码如下。

```
private void Awake(){
    LineMat = Resources.Load<Material>("Materials/" + "LineMat");
    cell = GetComponentInChildren<Circuit_Cell>();
}
private void Start(){
    circuit.CircuitOff();
}
```

编写短路检测和通电检测方法，代码如下。判断是接通开关还是接线柱，可以替换其他方法。如 tag 标签、Name 等。

```
public bool IsShort(){
    return toBeCompleteList.Count <= 0;
}
public void StartSend(){
    cell.SendElectric();
}
public void ConnectBindPost(GameObject go){
    BindPost bind = go.GetComponent<BindPost>();
    Circuit_Switch _switch =go.GetComponentInParent<Circuit_Switch>();
    if (bind){
    BindDispose(go);
}else if (_switch){
        SwitchDispose(_switch);
}
}
```

编写连接接线柱方法，代码如下。

```
private void BindDispose(GameObject go){
if (preBind == null){
preBind = go;
}else if(curBind == null && !go.Equals(preBind)){
    curBind = go;
var leftBind = preBind.GetComponent<BindPost>();
    var rightBind = curBind.GetComponent<BindPost>();
if(leftBind.m_BindType != rightBind.m_BindType){
    LineRendererline=newGameObject("LineRenderer").AddComponent<LineRenderer>();
    line.SetPosition(0, preBind.transform.position);
    line.SetPosition(1, curBind.transform.position);
    line.material = LineMat;
    line.SetWidth(.01f, .01f);
finishMatchLine.Add(line.gameObject);
SuccesedMatchToChangeBind(leftBind, rightBind);
```

```
            line = null;
            Debug.Log("匹配成功");
        }
    preBind = null;
        curBind = null;
    }else{
        Debug.Log("匹配失败");
        preBind = null;
        curBind = null;
    }
}
```

编写接通开关方法，代码如下。当接线柱连接成功时，会调用该方法，并会将两个连接的接线柱 BindPost 单独进行判断 Cell 电池并尝试通电，将接线柱碰撞器关闭，将碰撞器存入 list。

```
private void SwitchDispose(Circuit_Switch _switch){
  _switch.ChangeSwitchOn();
}
//完成绑定更改接线柱信息
private void SuccesedMatchToChangeBind(BindPost leftBind, BindPost rightBind){
leftBind.BindPostWithThis(rightBind, leftBind.m_BindType);
rightBind.BindPostWithThis(leftBind, rightBind.m_BindType);
cell.SendElectric();
leftBind.GetCollider.enabled = false;
bindColliderList.Add(leftBind.GetCollider);
rightBind.GetCollider.enabled = false;
bindColliderList.Add(rightBind.GetCollider);
}
```

增加清除接线柱的方法，代码如下。

```
public void ResetBindLine(Transform parent){
for(int i=0; i<finishMatchLine.Count; i++){
    GameObject.Destroy(finishMatchLine[i]);
}
finishMatchLine.Clear();
CircuitUnit[] temp=parent.GetComponentsInChildren<CircuitUnit>();
for(int i=0; i<temp.Length; i++){
  temp[i].StopCircuitStyle();
  temp[i].ClearAllBinds();
}
for(inti=0;i<bindColliderList.Count; i++){
    bindColliderList[i].enabled = true;
}
bindColliderList.Clear();//清除碰撞集合
finishUnit.Clear(); //清除元件匹配
toBeCompleteList.Clear();
}
```

编写完成连接成功方法，在并未造成短路断路时，会调用该方法。

```
//完成连接的电器元件展示功能
public void CircuitFinishConnect(){
for(int i = 0; i < toBeCompleteList.Count; i++){
 finishUnit.Add(toBeCompleteList[i]);
```

```
}
for(var fin = 0; fin < finishUnit.Count; fin++){
 finishUnit[fin].ShowCircuitStyle();
}
circuit.CircuitFinishConnect();
}
// 添加电器元件到完成集合中
public void AddCircuitInCompleteList(CircuitUnit unit){
if(toBeCompleteList.Contains(unit)){
   return;
}
    toBeCompleteList.Add(unit);
}
```

CircuitFinishConnect 方法写完后，SendElectricToNext 方法内预先的调用即可以顺利完成。

编写断路方法 CircuitOff 方法和短路方法 CircuitIsShort 方法，代码如下。

```
public void CircuitIsShort(){// 电路短路
    toBeCompleteList.Clear();//清空待完成的元件
    circuit.CircuitIsShort();
}
public void CircuitOff(){ // 电路断开
    for(int i = 0; i < finishUnit.Count; i++){
        finishUnit[i].StopCircuitStyle();
    }
    circuit.CircuitOff();
}
```

创建电动机实验操作类 MotorCtrl.cs，继承自 BaseController 类，继承 ICircuitStatus 接口，并实现其接口方法，Motor_View 还没有定义，稍后完成，代码如下。

```
public class MotorCtrl : BaseController,ICircuitStatus {
public static MotorCtrl Instance{get;private set;}
public Motor_View View = new Motor_View();//电动机 UI 类
private MotorCtrl(){}
public Circuit_Cell _Cell { get; set; }
private CircuitController controller;//电器控制器;
private void Awake(){
    Instance = this;
    controller = GetComponent<CircuitController>();
    controller.circuit = this;
}
//电动机操作入口
public override void ChangeObjByRayInfo(RayInfo info){
    GameObject go = info.HitGameObject;
if(info.IsDownOrUp){
        info.IsDownOrUp = false;
        controller.ConnectBindPost(go);
    }
}
public void ResetBindLine(){
    controller.ResetBindLine(transform);//更改 UI 文本连接状态
    View.WriteStrInStateTex("未接通");
```

```
}
// 完成连接的电器元件展示功能
public void CircuitFinishConnect(){
    //更改 UI 文本连接状态
View.WriteStrInStateTex("已连接");
}
public void CircuitIsShort(){// 电路短路
    //更改 UI 文本连接状态
    View.WriteStrInStateTex("电路短路");
}
public void CircuitOff(){// 电路断开
    View.WriteStrInStateTex("已断开");
}
public void UpdateViewRollSpeed(float speed){// 更新 UI 旋转速度
    View.WriteStrInSpeedTex(speed);
}
}
```

创建电动机 UI 类 Motor_View.cs，用来显示界面文字，代码如下。

```
[System.Serializable]
public class Motor_View{
[SerializeField] Text m_CircuitStateTex;
    [SerializeField] Text m_MotorRollSpeedTex;
    private string _CircuitStateTex = "未接通";
    private string _CircuitSpeedTex = "";
    private string _Suffix = "转每秒";
    public void WriteStrInStateTex(string info){//显示 UI 的连接状态
        _CircuitStateTex = info;
        m_CircuitStateTex.text = _CircuitStateTex;
    }
    public void WriteStrInSpeedTex(float info){// 显示 UI 的转速
        _CircuitSpeedTex = info.ToString("0.00") + _Suffix;
        m_MotorRollSpeedTex.text = _CircuitSpeedTex;
    }
}
```

代码写完后，回到 Unity。给所有接线柱都挂载 BindPost 类并设置正负极。红色为正极，黑色为负极，设置 Text 组件，如图 6-22 所示。

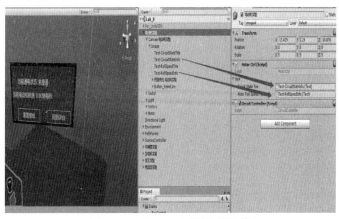

图 6-22　为 View 下两个值赋值

创建灯泡类 Circuit_Light.cs，代码如下。

```
public class Circuit_Light : CircuitUnit {
    [SerializeField] GameObject _LightMatOn;
    [SerializeField] GameObject _LightMatOff;
    public override void ShowCircuitStyle(){//开灯
        OpenOrCloseLight(true);
    }
    public override void StopCircuitStyle(){//关灯
        OpenOrCloseLight(false);
    }
    private void OpenOrCloseLight(bool isOpen){// 开关灯
        if (isOpen){
            _LightMatOn.SetActive(true);
            _LightMatOff.SetActive(false);
        }else{
            _LightMatOn.SetActive(false);
            _LightMatOff.SetActive(true);
        }
    }
}
```

回到 Unity 界面，为灯光类手动赋值，如图 6-23 所示。

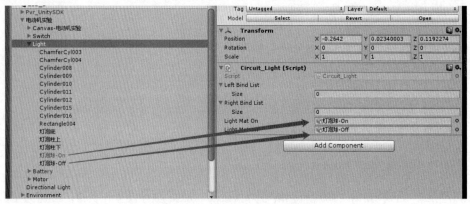

图 6-23　为 Light Mat On 赋值

创建开关类 Circuit_Switch.cs，代码如下。

```
public class Circuit_Switch : CircuitUnit {
    private bool isOn = true;
    [SerializeField] Transform _SwitchLever;
    public void ChangeSwitchOn(){//变更开关的功能
        isOn = !isOn;
        _SwitchLever.localRotation = isOn ? Quaternion.Euler(90f, 0, 0) :
Quaternion.Euler(90f, 0f, -45f);
        base._CanPass = isOn;
        controller.StartSend();
    }
}
```

回到 Unity 界面，为开关类手动赋值，如图 6-24 所示。

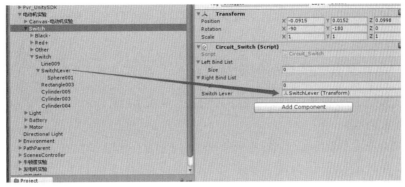

图 6-24　为 Switch Lever 赋值

创建电池类 Circuit_Cell.cs，代码如下。

```
public class Circuit_Cell : CircuitUnit {
    public float ElectricValue { get; set; } = 20f;
    public bool CanSendElect(){//判断是否可以通电
        return leftBindList.Count > 0 && rightBindList.Count > 0 && !IsShortOut()
&& base._CanPass;
    }
    public bool IsShortOut(){// 是否短路
        return false;
    }
    public void SendElectric(){//通电方法
        if (CanSendElect()){
            foreach (var item in leftBindList){
                item.CircuitUnit.ElectricQuantity = ElectricValue;
                item.CircuitUnit.SendElectricToNext();
            }
        }else{
            Debug.Log("电路未接通");
            controller.CircuitOff();
        }
    }
}
```

Resource 目录下不要忘记给接线材质，如图 6-25 所示。

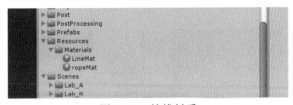

图 6-25　接线材质

测试电路功能是否正常，至此，电动机实验结束。

6.2　HTC 应用案例——发动机拆解

该项目基于汽车发动机构造与拆装的虚拟现实仿真软件，为了解决课程实操，实现现实环境中难以实现或无法实现的课程项目，在仿真平台中都可以用虚拟仿真技术全方位直观 3D 展示机械构造及实操全过程。

6.2.1　HTC Vive 及其相关应用的安装

首先需要安装好 HTC 设备，以及配设好 HTC 在计算机中的环境。

1. 安装激光定位器

标好要安装各个支架的位置，然后旋紧螺丝将支架装好，如图 6-26 所示。

图 6-26　支架安装

支架架设完成后，将激光定位器对准游戏区位置，调整其位置为向下倾斜 30°～45°，请先拧松夹紧环，同时小心拿住定位器以免掉落，如图 6-27 所示。

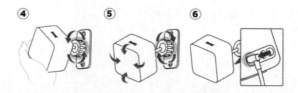

图 6-27　定位器安装

转动定位器角度，使其朝向游戏区。确保两个激光定位器之间视线不受阻挡。每个定位器的视场为 120°。要固定定位器的角度，请拧紧夹紧环，如图 6-28 所示。

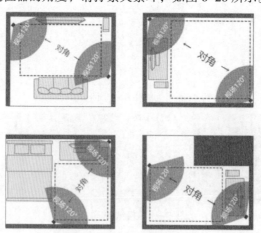

图 6-28　定位器摆放位置

为每个定位器接入电源线并撕下保护膜开启电源。状态指示灯显示绿色即可开启使用。

需要注意的是：激光定位器需高于使用者的头部才利于追踪，最好 2.5 m 以上，两个激光定位器需分别被安置于对角位置，直线距离最好不超过 5 m，如果不使用同步数据线，两个定位器分别设为频道 B 和频道 C。如果使用同步数据线，两个定位器分别设为频道 A 和频道 B。

2. 连接 VR 眼镜与串流盒

使用三合一连接线，橙色接口连接头戴设备，橙色端口插入橙色串流盒的橙色面。另一端口连接 PC、电源与串流盒，三线分别连接 HDMI 线、USB3.0 线和电源线。接好之后 HTC Vive 的 LED 电源灯变红，说明安装成功，如图 6-29 所示。

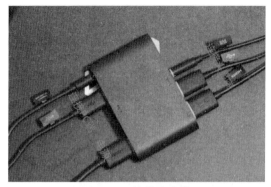

图 6-29　接线盒安装

3. 设置 HTC 操作手柄

手柄第一次开启会自动与头戴式设备配对。正在配对时，状态指示灯闪烁蓝色。手柄与头戴式设备配对完毕后，状态指示灯变成绿色。如果需要手动配对操控手柄，手柄与眼镜距离不超过 30 cm，打开 SteamVR 应用程序并单击，然后选择设备，配对操控手柄。按照屏幕说明操作，完成配对。

4. 下载 Steam

先登录 Steam 网站，网址：https://store.steampowered.com/about/，如图 6-30 所示。

图 6-30　SteamVR

下载并安装完成之后，首次登录 Steam 注册 Steam 账号就可以使用。进入 Steam 后需要安装 SteamVR，在 Steam 的顶部页签"库"下的"VR"中找到 SteamVR 并双击，开始安装，如图 6-31 所示。

5. 设置 SteamVR

打开安装好的 SteamVR 应用程序。如果看到 🛡 图标，将鼠标置于其上，查看固件是否已过期。若是，单击更新操控手柄固件。通过 micro-USB 数据线，将操控手柄连接到计算机上的 USB 端口，一次仅可连接一个。SteamVR 应用程序检测到

图 6-31　SteamVR 安装

操控手柄时，将自动启动固件更新。

警告：在固件更新完成前，请勿拔下 micro-USB 数据线，否则会导致固件错误。更新完成时，单击完成。

绿色：表示操控手柄处于正常模式。

橙色：表示正在充电。

蓝色：表示操控手柄已与头戴式设备连接。

闪烁红色：表示电池电量低。

闪烁蓝色：表示操控手柄正在与头戴式设备配对。

如设备都不好使，则在设置下的开发者里重置移除所有 SteamVR USB 设备，重新安装，如图 6-32 和图 6-33 所示。

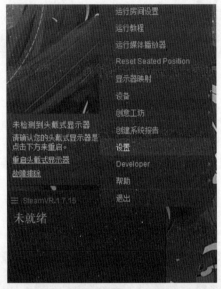

图 6-32　重新安装 SteamVR（1）

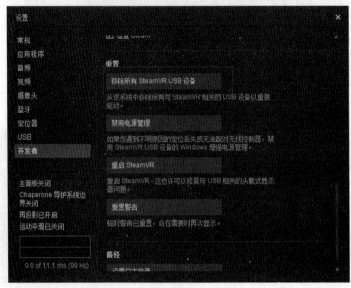

图 6-33　重新安装 SteamVR（2）

重启完成后设备图标全为绿色正常状态，如图 6-34 所示。

图 6-34　正常运行

6. 运行房间设置

右击弹出菜单，选择"运行房间设置"命令如图 6-35 所示。

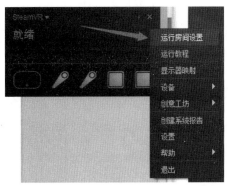

图 6-35　"运行房间设置"命令

选择房间规模后将会出现画面，这里提示房间区域不得过小。如果区域过小建议退回，选择仅站立模式，如图 6-36 所示。

图 6-36　选择房间设置

单击"下一步"按钮进入如图 6-37 所示画面，在这一步需要确认手柄已经打开，并且放置在定位器可见位置。等待手柄与头戴式显示器均为绿色显示时单击"下一步"按钮。

在这一步中将定位地面高度，测量从地面到头戴着的高度并校准输入，如将头戴式显示器放到地面可输入 0，如图 6-38 所示。

图 6-37　建立定位

图 6-38　定位地面

设置过程中按提示操作即可，一般选择站立。如遇眼镜无法放到地面上，可以让工作人员站在力臂垂直向下地面中心点，佩戴好眼镜，拿好手柄并开启手柄，面朝地台正前方保持不动。

6.2.2　项目开发

在 HTC 配置好之后，将进行实际的项目开发。

1. 导入插件

将插件 SteamVR、VRTK（VR 插件）、Dotween（移动插件）、Highlighting（外发光插件）导入到项目中，如图 6-39 所示。

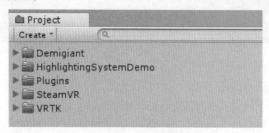

图 6-39　导入插件

2. 搭建软件界面

删除场景中相机 Main Camera，添加 VR 相机，如图 6-40 所示。

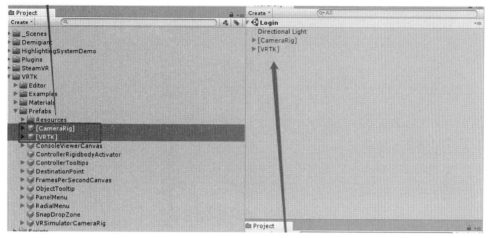

图 6-40　添加 VR 相机

把对应的设备物体添加到 VRTK 的位置里，如图 6-41 所示

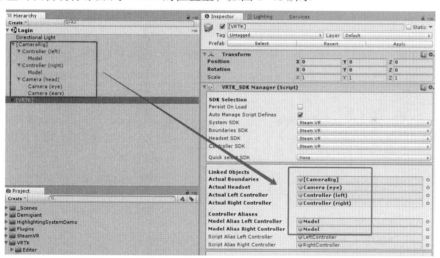

图 6-41　把对应的设备物体添加到 VRTK 的位置

添加手柄交互类，如图 6-42 和图 6-43 所示。

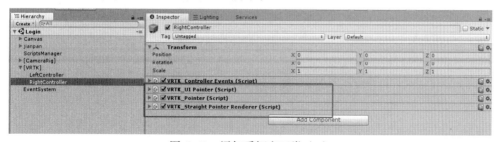

图 6-42　添加手柄交互类（1）

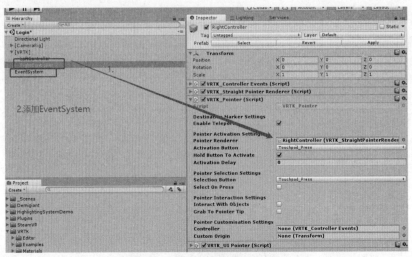

图 6-43　添加手柄交互类（2）

搭建登录界面 UI，如图 6-44 所示，将做好的登录.unitypackage 导入到资源中。

图 6-44　登录 UI 资源

搭建 UGUI 界面，进行参数设置，为公共变量赋值，如图 6-45 和图 6-46 所示。

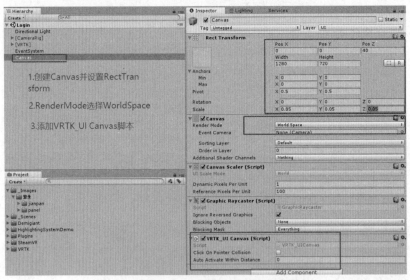

图 6-45　搭建 UGUI 界面

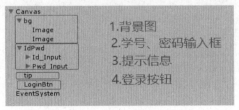

图 6-46　UI 名字

搭建键盘 UI 面板，如图 6-47 所示。

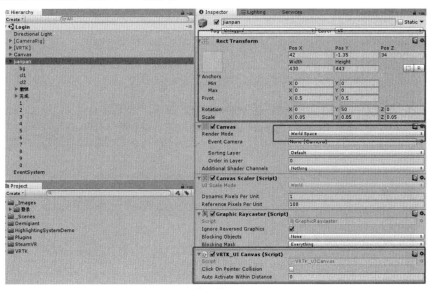

图 6-47　搭建键盘 UI 面板

首先需要单击舞台的右侧，将出现齿轮状的小键盘。在相应的位置输入学号及密码，单击"登录"按钮进入。（提示：如学号和密码填写的信息不符，弹出错误提示）。

将做好的 UI 框架.unitypackage 导入到资源窗口中，如图 6-48 所示。

创建_Scripts/Login 文件夹，新建登录管理器类 LoginManager.cs，如图 6-49 所示，代码如下。

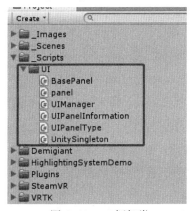

图 6-48　UI 框架类

图 6-49　登录管理器类

```
using UnityEngine;
using System.IO;
using UnityEngine.UI;
using UnityEngine.SceneManagement;
[System.Serializable]
public class LoginData{
    public MyLoginData[] infos;
}
[System.Serializable]
public class MyLoginData{
```

```
    public string id;
    public string password;
}
public class LoginManager : UnitySingleton<LoginManager>{
    public InputField InputId;//学号
    public InputField InputPassword;//密码
    public GameObject Img;//键盘
    public GameObject tip;//提示信息
    //文件名，在Assets/StreamingAssets目录下，如Login.json。
    private LoginData loadData;
    private void Start(){
        LoadJsonDateText("Login.json");//读取Login.json
    }
    public void LoadJsonDateText(string JsonName){
        string filePath = Path.Combine(Application.streamingAssetsPath, JsonName);
            //获取文件路径。
        if(File.Exists(filePath)){//如果该文件存在。
            //读取所有数据送到json格式的字符串里面。
            string dataAsJson = File.ReadAllText(filePath);
            //直接赋值。FromJson
            loadData = JsonUtility.FromJson<LoginData>(dataAsJson);
        }else
            tip.GetComponent<Text>().text = "无登录数据Json! ";
    }
    public void LoginClick(){// 登录方法
        foreach (var item in loadData.infos){
if(item.id==InputId.text&&item.password==InputPassword.text){
            print("成功");
            SceneManager.LoadScene("Main");
        }
        }
    }
}
```

创建空物件改名为：ScriptsManager 挂载 LoginManager.cs，如图 6-50 所示。

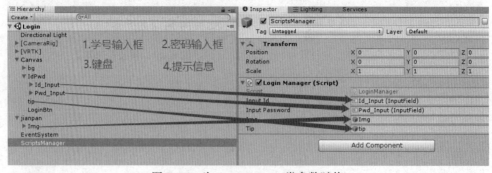

图 6-50　为 LoginManager 类参数赋值

为登录按钮添加方法，如图 6-51 所示。

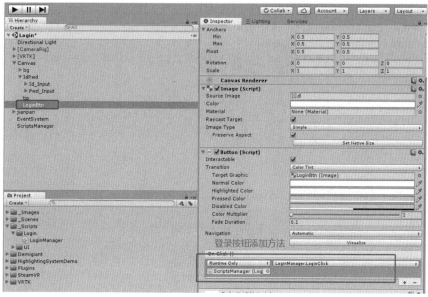

图 6-51　添加登录按钮方法

新建键盘输入类 KeyBoard.cs。

```
using DG.Tweening;
using UnityEngine;
using UnityEngine.UI;
public class KeyBoard : MonoBehaviour{// 键盘
private InputField input;//获取输入框
public GameObject[] objects;//齿轮
private void Start(){
    //初始化隐藏键盘面板
    LoginManager.Instance.Img.transform.localScale = new Vector3(0,0,0);
}
public void Click(int obj){// 键盘方法:展开键盘，指定输入框
//单击输入框，展开键盘面板
    LoginManager.Instance.Img.transform.DOScale(new Vector3(1, 1, 1), 2);
    switch (obj){
        case 0:
            input = LoginManager.Instance.InputId;
            break;
        case 1:
            input = LoginManager.Instance.InputPassword;
            break;
    }
}
public void Close(){// 完成方法
    LoginManager.Instance.Img.transform.DOScale(new Vector3(0, 0, 0), 1);//
缩小键盘面板
}
public void ClickKey(string character){// 获取输入内容
if(input != null){
    input.text += character;//字符串拼接
}
```

```
}
public void Backspace(){// 撤销删除
    if(input.text.Length > 0){
        input.text = input.text.Substring(0, input.text.Length - 1);
    }
}
void Update(){//齿轮动画 自转
    objects[0].transform.Rotate(Vector3.forward * -60 * Time.deltaTime);
    objects[1].transform.Rotate(Vector3.forward * 60 * Time.deltaTime);
}
}
```

将代码 KeyBoard.cs 挂载到 ScriptsManager，如图 6-52 所示。

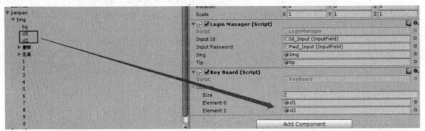

图 6-52　为 Element0 和 Element1 赋值

为学号和密码输入框添加 EventTrigger 事件监听，参数 0 为学号、1 为密码，如图 6-53 和图 6-54 所示。

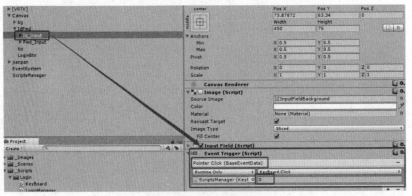

图 6-53　添加 EventTrigger 事件监听（1）

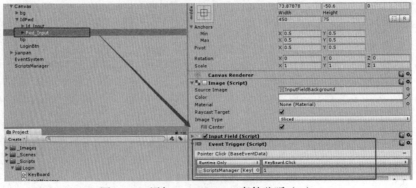

图 6-54　添加 EventTrigger 事件监听（2）

添加注册、撤销和完成按钮方法，如图 6-55 和图 6-56 所示。

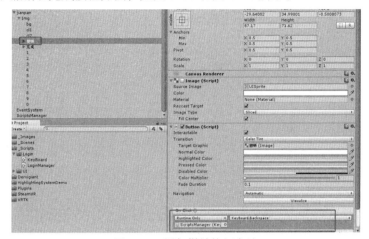

图 6-55　添加撤销按钮方法

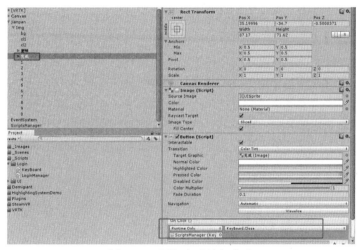

图 6-56　添加完成按钮方法

注册 0~9 按钮方法，如图 6-57 所示。

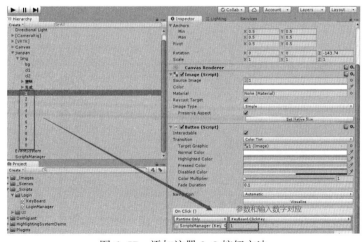

图 6-57　添加注册 0~9 按钮方法

创建登录配置文件 Login.json，新建 Login.Text，写入登录信息，保存并改名为 Login.json，存放在 StreamingAssets 文件夹下，如图 6-58 所示，代码如下。

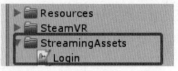

图 6-58　Login 配置文件位置

```
{
    "infos": [{
        "id": "1001",
        "password": "1"
    }, {
        "id": "1002",
        "password": "2"
    }
    , {
        "id": "1003",
        "password": "3"
    }]
}
```

Login 场景完成，运行测试（手柄操作：按住手柄触摸板键会出现射线，同时勾扳机，相当于选中单击）。

3. 制作主场景 Main

首先为场景添加 VR 相机，如图 6-59~图 6-61 所示。

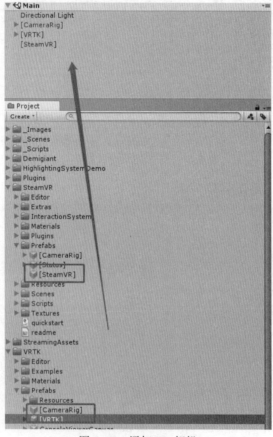

图 6-59　添加 VR 相机

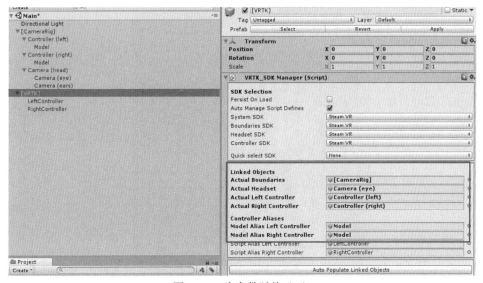

图 6-60　为参数赋值（1）

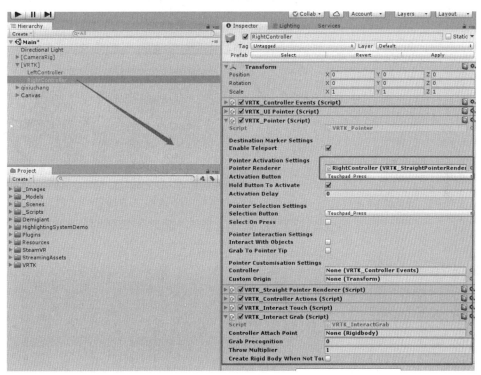

图 6-61　为参数赋值（2）

　　将汽修厂.unitypackage 导入到场景中，并将模型文件拖拽到场景中，如图 6-62 所示。该素材包为车间场景模型。

　　运行 Main 场景，通过头盔就看到汽车车间的场景，这时可以转动进行观看。

　　导入主界面 UI 素材，主界面.unitypackage，搭建主面板 UI，如图 6-63~图 6-65 所示。

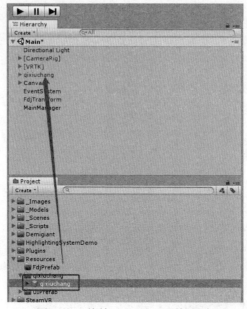

图 6-62　拖拽 qixiuchang 到场景中

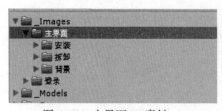

图 6-63　主界面 UI 素材

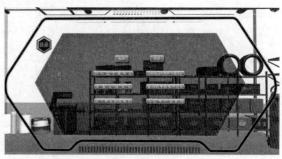

图 6-64　主界面 UI

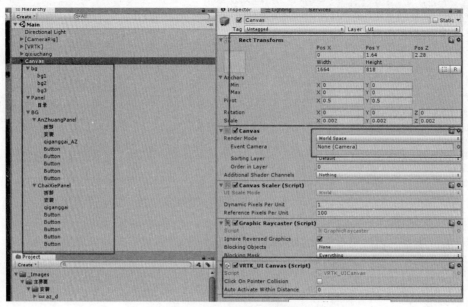

图 6-65　主界面 UI 参数

将 AnZhuangPanel、ChaiXiePanel 面板做成预制体，并存储在 Resources 下，如图 6-66 所示。

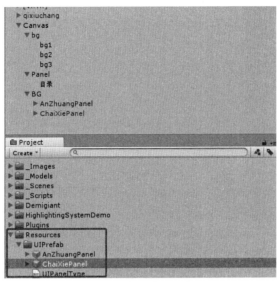

图 6-66　做成预制体并存储

打开 UIPanelType 面板枚举类，如图 6-67 所示。

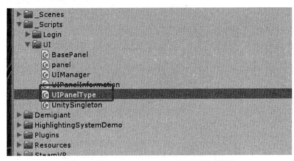

图 6-67　UIPanelType 面板枚举类

```
Public enum UIPanelType{
ChaiXiePanel,
AnZhuangPanle
}
```

编辑 UIPanelType.json UI 面板类型和地址路径，如图 6-68
所示。

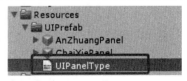

图 6-68　UIPanelType.json

```
{
    "infoList": [

    {
        "panelTypeString": "ChaiXiePanel",
        "path": "UIPrefab/ChaiXiePanel"
    },
    {
        "panelTypeString": "AnZhuangPanel",
        "path": "UIPrefab/AnZhuangPanel"
    }
```

```
        ]
    }
```

创建 CatalogButton.cs，代码如下，将代码挂载到 UI 按钮 "目录" 上。默认加载 ChaiXiePanel 面板并进行设置，如图 6-69~图 6-71 所示。

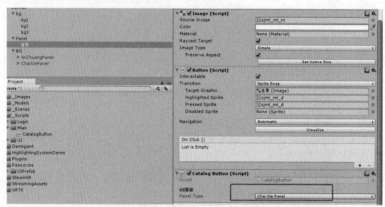

图 6-69　Panel Type 参数设置

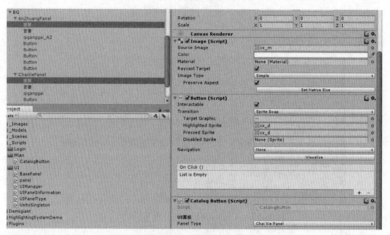

图 6-70　拆卸设置

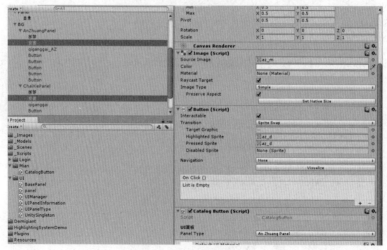

图 6-71　安装设置

```
public class CatalogButton : MonoBehaviour{
    public void Start(){
     gameObject.GetComponent<Button>().onClick.AddListener(BtnClick);
    }
    [Header("UI面板")]
public UIPanelType panelType;      // 功能选择界面按钮
private void BtnClick()  {
        //生成UI面板，关闭上一个界面
    UIManager.Instance.PushPanel(panelType, true);
    MainManager.Instance.Tip.gameObject.SetActive(false);//关闭提示面板
    }
}
```

目前 UIManager、MainManager 两个类还没有写，可以先注释。

创建单例父类 UnitySingleton，代码如下。

```
public class UnitySingleton<T> : MonoBehaviour where T : Component{
    private static T _instance;
    public static T Instance{
        get{
            if(_instance == null){
                _instance = FindObjectOfType(typeof(T)) as T;
                if(_instance == null){
                    GameObject obj = new GameObject();
                    obj.hideFlags=HideFlags.HideInHierarchy;
                    _instance = (T)obj.AddComponent(typeof(T));
                }
            }
            return _instance;
        }
    }
}
```

创建 BasePanel 类，面板类的基类，内容如下：

```
[RequireComponent(typeof(CanvasGroup))]
public class BasePanel : MonoBehaviour {
    protected CanvasGroup canvasGroup;
    protected virtual void Awake() {
        name = GetType() + ">>";
        canvasGroup = gameObject.GetComponent<CanvasGroup>();
    }
    protected new string name;
    public virtual void OnEnter() {//开启界面，开启交互
        SetPanelActive(true);
        SetPanelInteractable(truc);
    }
    public virtual void OnPause() {//暂停交互
        SetPanelInteractable(false);
    }
    public virtual void OnResume() {//恢复交互
        SetPanelInteractable(true);
    }
    public virtual void OnExit() {//关闭界面，关闭交互
```

```
        SetPanelActive(false);
        SetPanelInteractable(false);
    }
    private void SetPanelActive(bool isActive) {//设置面板显示
        if(isActive ^ gameObject.activeSelf) gameObject.SetActive(isActive);
    }

    private void SetPanelInteractable(bool isInteractable) {//设置面板交互
        if(isInteractable                      ^              canvasGroup.interactable)
canvasGroup.interactable = isInteractable;
    }
}
```

创建 UIManager 类、UI 管理类，部分内容如下。

```
public class UIManager : MonoBehaviour {
    private static UIManager sInstanceUiManager;//单例
    private Dictionary<UIPanelType, string> mPanelPathDictionary;//存储所有面
板 Prefab 的路径
    private Dictionary<UIPanelType, BasePanel> mPanelPool;//保存所有实例化面板
的游戏物体身上的 BasePanel 组件
    private Stack<BasePanel> mPanelStack;
    private Transform mUIRootTransform;
    public GameObject Tips;
    public static UIManager Instance{
        get { return GetInstance(); }
    }
    [Serializable]
    public class UIPanelTypeJson {
        public List<UIPanelInformation> infoList;
    }
    private static UIManager GetInstance() {
        if(sInstanceUiManager == null) {
            var go = new GameObject("UIManager");
            sInstanceUiManager = go.AddComponent<UIManager>();
        }
        return sInstanceUiManager;
    }
    void Awake() {
        ParseUIPanelTypeJson();
        mUIRootTransform = GameObject.Find("Canvas/BG").transform;
    }
//将通过 json，将面板和对应路径放置到字典中
    private void ParseUIPanelTypeJson(){
    mPanelPathDictionary = new Dictionary<UIPanelType, string>();
    TextAsset textAsset = Resources.Load<TextAsset>("UIPrefab/UIPanelType");
    //将 json 对象转化为 UIPanelTypeJson 类
    UIPanelTypeJson jsonObject = JsonUtility.FromJson<UIPanelTypeJson>(textAsset.text);
    foreach (UIPanelInformation info in jsonObject.infoList){
        mPanelPathDictionary.Add(info.panelType, info.path);
    }
    }
}
```

```
        //获取面板
        private BasePanel GetPanel(UIPanelType panelType){
                if(mPanelPool == null){
                    mPanelPool = new Dictionary<UIPanelType, BasePanel>();
                }
                BasePanel panel;
                //从页面池中尝试找到指定页面的示例
                mPanelPool.TryGetValue(panelType, out panel);
                if(panel == null){
                    //如果找不到，就从配置字典中获得该页面的路径，去实例化
                    mPanelPool.Remove(panelType);
                    string path;
                    mPanelPathDictionary.TryGetValue(panelType, out path);
                    GameObject instancePanel = Instantiate(Resources.Load(path)) as
GameObject;
                    if(instancePanel != null) {
                        Tips = instancePanel;
                        instancePanel.transform.SetParent(mUIRootTransform, false);
                        var targetPanel = instancePanel.GetComponent<BasePanel>();
                        mPanelPool.Add(panelType, targetPanel);
                        return targetPanel;
                    }
                }
                return panel;
        }
    public void PushPanel(UIPanelType panelType){//显示 UI 界面
                if(mPanelStack == null)
                    mPanelStack = new Stack<BasePanel>();
                //判断一下栈里面是否有页面
                if(mPanelStack.Count > 0){
                    var topPanel = mPanelStack.Peek();//返回栈定
                    topPanel.OnPause();
                }
                BasePanel panel = GetPanel(panelType);
                panel.OnEnter();
                panel.transform.SetAsLastSibling();
                mPanelStack.Push(panel);//入栈
        }
    //重载方法，显示一个新的 UI 界面，并关闭旧的
    public void PushPanel(UIPanelType panelType, bool isPopCurrentPanel){
                if(isPopCurrentPanel){
                    PopCurrentPanel();
                }else{
                    PopAllPanel();
                }
                PushPanel(panelType);
        }
    private void PopCurrentPanel(){//关闭当前面板
                if(mPanelStack == null)
                    mPanelStack = new Stack<BasePanel>();
                if(mPanelStack.Count <= 0) return;
```

```
            BasePanel topPanel = mPanelStack.Pop();//关闭栈顶页面的显示
            topPanel.OnExit();
        }
    private void PopAllPanel(){//关闭所有面板
            if(mPanelStack == null)
                mPanelStack = new Stack<BasePanel>();
            if(mPanelStack.Count <= 0) return;
            while (mPanelStack.Count > 0){//关闭栈里面所有页面的显示
                BasePanel topPanel = mPanelStack.Pop();
                topPanel.OnExit();
            }
        }
    public bool BackToLastPanel(){//返回返回上一个页面
            if(mPanelStack == null)//判断当前栈是否为空?表示是否可以返回
                mPanelStack = new Stack<BasePanel>();
            if(mPanelStack.Count <= 1) return false;
            var topPanel1 = mPanelStack.Pop();//关闭栈顶页面的显示
            topPanel1.OnExit();
            BasePanel topPanel2 = mPanelStack.Peek();//恢复此时栈顶页面的交互
            topPanel2.OnResume();
            return true;
        }
        public void RefreshDataOnSwitchScene(){// 切换场景前,调用该方法来清空当前场景
的数据
            mPanelPathDictionary.Clear();
            mPanelStack.Clear();
        }
    }
```

添加脚本 UIPanelInfomation 类、UI 面板信息类,内容如下。

```
[Serializable]
public class UIPanelInformation : ISerializationCallbackReceiver {
    [NonSerialized]
    public UIPanelType panelType;
    public string panelTypeString;
    public string path;
    public void OnAfterDeserialize() {//反序列化之后,将一个或多个枚举字符串表示
(panelTypeString)转换成等效的枚举对象(UIPanelType)
        UIPanelType type = (UIPanelType)Enum.Parse(typeof(UIPanelType), panelTypeString);
        panelType = type;
    }
    public void OnBeforeSerialize() {
    }
}
```

在 ChaiXiePanel 和 AnZhuangPanel 面板上挂载 panel.cs(这两个面板做成预设物后在场景中删除,是通过 Resources 加载出来),如图 6-72 所示。

```
public class panel : BasePanel {
    public override void OnEnter(){
        base.OnEnter();
    }
```

}

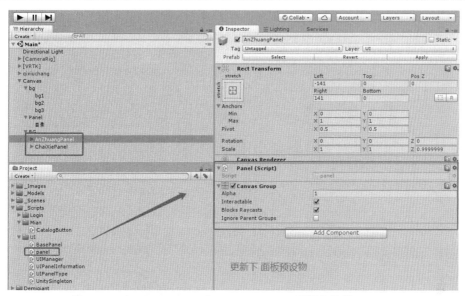

图 6-72　在 ChaiXiePanel 和 AnZhuangPanel 面板上挂载 panel.cs

新建一个名为 FdjTransform 的空物体，放置到原点，创建名为 MainManager 的空物体挂载新建 MainManager.cs 类，代码如下，并设置公共变量，如图 6-73 和图 6-74 所示。

```csharp
using System.Collections;
using System.Collections.Generic;
using UnityEngine;
public class MainManager : UnitySingleton<MainManager>{
    [Header("发动机实例位置")]
    public Transform FdjTransform;
}
```

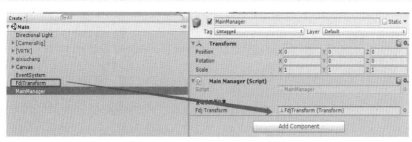

图 6-73　为 FdjTransform 赋值

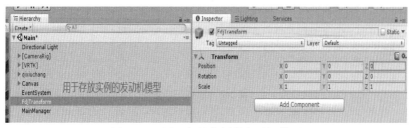

图 6-74　用于存放实例的发动机模型

以上几个类写完之后，CatalogButton 类就没有错误了，可以将之前的注释打开，CreatModel Button.cs 挂载到拆卸面板下的 qiganggai 物体上，如图 6-75 所示。

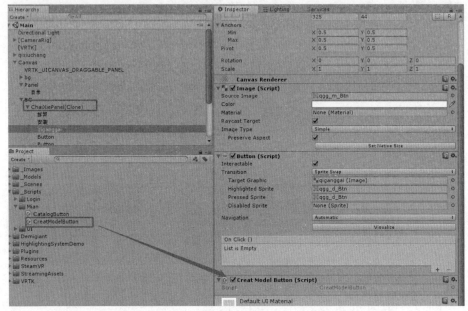

图 6-75　CreatModelButton.cs 挂载到拆卸面板下的 qiganggai 物体上

```csharp
using UnityEngine;
using UnityEngine.UI;
/// 挂载到模块章节按钮上
public class CreatModelButton : MonoBehaviour {
    private void Start(){//添加 Button 侦听
        gameObject.GetComponent<Button>().onClick.AddListener(delegate()
{ BtnClick();});
    }
// 模块方法  // <param name="obj">按钮名字和模型名字相同</param>
    public void BtnClick() {
        #region 重置模块
        //清空发动机
        for(int j = 0; j < MainManager.Instance.FdjTransform.childCount; j++){
    Destroy(MainManager.Instance.FdjTransform.GetChild(j).gameObject);
        }
        //清空部件库
        for(int i = 0; i < MainManager.Instance.PartTransform.childCount; i++)
        {
        Destroy(MainManager.Instance.PartTransform.GetChild(i).gameObject);
        }
        MainManager.NUM = 0;
        #endregion
        transform.parent.gameObject.SetActive(false);//关闭目录面板
        GameObject o =Instantiate( Resources.Load<GameObject>("FdjPrefab/"
    + gameObject.name), MainManager.Instance.FdjTransform);//加载发动机模型
    }
}
```

导入发动机.unitypackage（发动机模型），如图 6-76 所示。

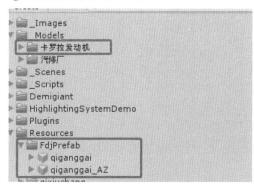

图 6-76　发动机模型

运行场景，单击目录，气缸盖拆卸，加载 3D 发动机。

4. 创建工具库面板

创建工具库面板，实例工具，如图 6-77 所示。导入工具.unitypackage（工具库 3D 模型），如图 6-78 所示。

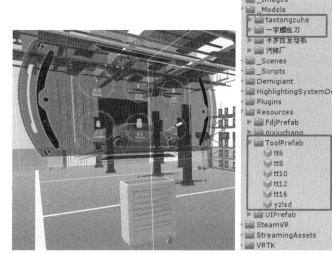

图 6-77　工具库 UI 界面

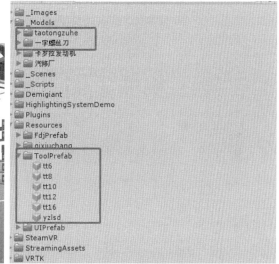

图 6-78　工具库 3D 模型

导入工具库.unitypackage（工具库面板 UI 素材），如图 6-79 所示。

在根目录场景下，创建一个名为 ToolCanvas 的画布，将画布添加 VRTK_UICanvasz 组件，并将画布改为世界模式，在画布下创建一个名为 Panel 的空物体，在 Panel 下添加一个名为 bg 的 Image，Imag 中图片为 gjbk，在 Panel 下添加一个 Scroll View 组件，删除 Scroll View 组件中的横向滚动条 ScrollHorizional，在 Scroll View→/ViewPort→/Content

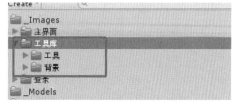

图 6-79　工具库面板 UI 素材

下添加 6 个 Button 按钮，依次将资源库中的 6 张工具按钮的图片添加到 Button 上，路径为 Assets →"工具库"→"工具"选项，文件结构情况如图 6-80 所示。

虚拟现实开发基础及实例

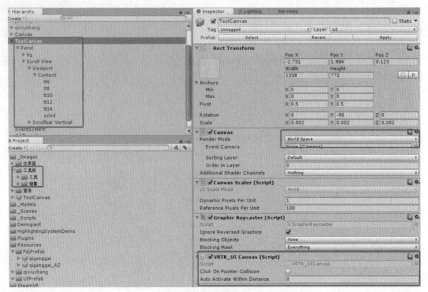

图 6-80　工具库面板 UI 素材参数

MainManager.cs 补充代码，为 MainManager 类添加如下代码，并设置公共变量，如图 6-81 所示。

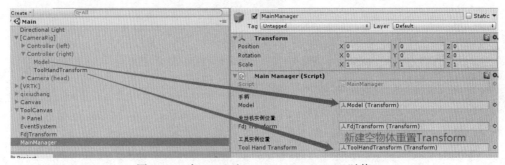

图 6-81　为 Model 和 Tool Hand Transform 赋值

```
public class MainManager : UnitySingleton<MainManager>{
[Header("手柄")]
public Transform Model;
[Header("工具实例位置")]
public Transform ToolHandTransform;
//工具参数
public static string Folder;
    public static Vector3 _postion, _rotation;
// 显示/关闭（手柄、工具）
  public void HandTool(bool bl){
    Model.gameObject.SetActive(bl);//显示手柄
    if(bl) {//删除工具
        for(int i = 0; i < ToolHandTransform.childCount; i++){
            Destroy(ToolHandTransform.GetChild(i).gameObject);
        }
    }
}
}
```

186

创建实例工具类 ToolUIBtn.cs，加载 3D 模型，UI 按钮方法类，挂载在 UI 按钮上，添加实例模型到手的子物体里，如图 6-82 所示。

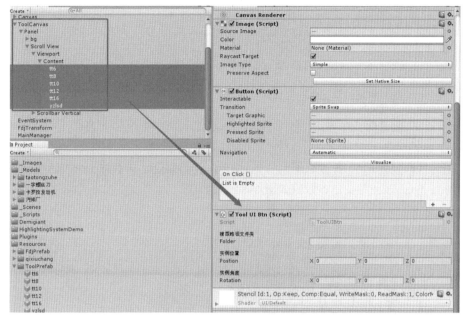

图 6-82　需要实例的模型

加载 3D 模型，将 UI 按钮方法类挂载在 UI 按钮和实例模型上。

```
public class ToolUIBtn : UnitySingleton<ToolUIBtn>{
    [Header("模型路径文件夹")]
    public string Folder;
    [Header("实例位置")]
    public Vector3 _postion;
    [Header("实例角度")]
    public Vector3 _rotation;
    void Start(){//添加点击侦听
        gameObject.GetComponent<Button>().onClick.AddListener(delegate () {
        CreatTool(Folder,_postion, _rotation, gameObject); });
    }
    // 创建工具 UI 名字和模型预设物名字相同
    /// <param name="Folder">工具和部件实例路径</param>
    /// <param name="_postion">实例位置</param>
    /// <param name="_rotation">实例角度</param>
    /// <param name="tool">工具和部件</param>
    public void CreatTool(string Folder,Vector3 _postion, Vector3 _rotation,
GameObject tool){
        GameObject o = Instantiate(Resources.Load<GameObject>(Folder + "/" +
tool.name));   //实例工具
        Clear(MainManager.Instance.ToolHandTransform);//清空工具实例位置
        MainManager.Instance.HandTool(false);//隐藏手柄
        o.name = tool.name; //工具设置父物体
        o.transform.SetParent(MainManager.Instance.ToolHandTransform);//手柄下
        o.transform.localPosition = _postion;
        o.transform.localEulerAngles = _rotation;
```

```
        MainManager.Folder = Folder;
        MainManager._postion = _postion;
        MainManager._rotation = _rotation;
    }
    private void Clear(Transform tf)
    {
        for(int i = 0; i < tf.childCount; i++)
        {//清空
            Destroy(tf.GetChild(i).gameObject);
        }
    }
}
```

ToolUIBtn 代码挂到 6 个 UI 按钮上，为 ToolUIBtn 代码赋值，其中前 5 个按钮变量参数值如图 6-83 所示。Yslsd 按钮的变量参数值如图 6-84 所示。

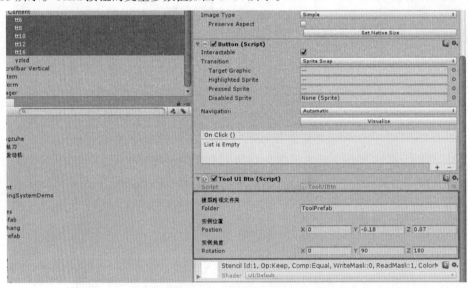

图 6-83　实例模型（1）

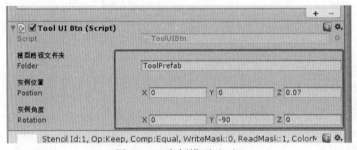

图 6-84　实例模型（2）

创建 HandController.cs 挂载到手柄控制器上（Controller (right)），按菜单键删除手中工具显示手柄。代码如下，并添加公共变量，如图 6-85 所示。

```
using UnityEngine;
/// 挂载到手柄控制器上(Controller (right))
public class HandController : MonoBehaviour{
SteamVR_TrackedObject trackedObj;//手柄
```

```
void Awake(){
    //获取手柄脚本组件
    trackedObj =GetComponent<SteamVR_TrackedObject>();
}
void FixedUpdate(){ //获取手柄输入
    var device = SteamVR_Controller.Input((int)trackedObj.index);
//此处可以换其他的函数触发 GetPress/GetTouch/GetPressUp GetTouchDown/GetTouchUp/
GetAxis
    if(device.GetPressDown(SteamVR_Controller.ButtonMask.Touchpad)){
        SteamVR_Controller.ButtonMask.Touchpad))
    } else if(device.GetPressDown(SteamVR_Controller.ButtonMask.Trigger)){
        // Debug.Log("按下扳机键");
    }else if(device.GetPressDown(SteamVR_Controller.ButtonMask.Grip)){
    //Debug.Log("按下手柄侧键");
    } else if (device.GetPressDown(SteamVR_Controller.ButtonMask.ApplicationMenu)){
    //Debug.Log("按下手柄菜单键");
    //删除手中工具，显示手柄
    MainManager.Instance.HandTool(true);
    } else if (device.GetPressDown(SteamVR_Controller.ButtonMask.ApplicationMenu)){
    // Debug.Log("按下手柄菜单键");
    }
}
}
```

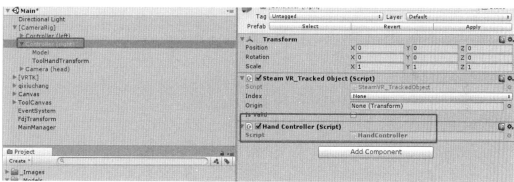

图 6-85　HandController.cs 挂载到手柄控制器上

新建 Switch.cs 代码，挂载到被拆卸的零部件上，代码如下。

```
using UnityEngine;
using VRTK;
// 控制零件拆解顺序(挂载到零件上)
public class Switch : UnitySingleton<Switch>{
    [Header("步骤开关")]
    public bool CheckSwitch;
    [Header("工具型号")]
    public string ToolType;
    [Header("工具方向")]
    public VRTK_Lever.LeverDirection toolRotation;
    [Header("工具旋转角度")]
    public float MaxmaxAngle = 90;//  90 逆时针   -90 顺时针
    [Header("螺栓位移方向")]
```

```
public Vector3 BoltPostion = new Vector3(0, 0, 0.05f);
void Start(){//设置被拆卸零件标签
    gameObject.tag = "Parts";
    gameObject.AddComponent<BoxCollider>().isTrigger = true;
}
}
```

设置气缸盖、气缸垫参数、气缸盖螺栓 1~10 参数，如图 6-86 和图 6-87 所示。

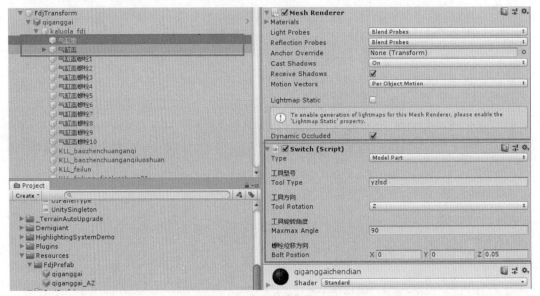

图 6-86　设置模型参数（1）

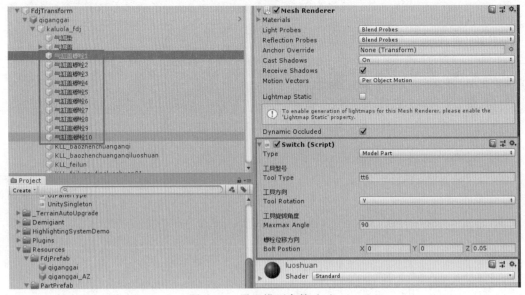

图 6-87　设置模型参数（2）

添加 Parts 标签，如图 6-88 所示。

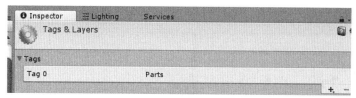

图 6-88　添加 Parts 标签

补充 MainManager.cs 类，为 MainManager 类添加如下代码。

```
public class MainManager : UnitySingleton<MainManager>{
[Header("操作步骤提示")]
public Image Tip;
}
```

将 Tip 赋值给变量，如图 6-89 所示。

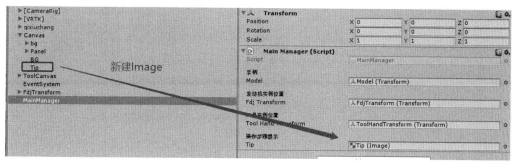

图 6-89　为 Tip 赋值

新建 Initialization.cs 类，代码如下。

```
using System.Collections.Generic;
using UnityEngine;
public class Initialization : UnitySingleton<Initialization>{
[System.Serializable]
public class Objs{
    public Sprite image;//提示
    public GameObject Object;//拆卸零件
}
[SerializeField]
public List<Objs> ObjsConfigs;//存放所有和工具交互的零部件
private void Start(){//初始化
 MainManager.Instance.Tip.gameObject.SetActive(true);//显示提示信息
 MainManager.Instance.Tip.sprite = ObjsConfigs[0].image;//提示信息
 ObjsConfigs[0].Object.AddComponent<CSHighlighterController>();//添加高亮，在
Camera (eye)添加 HighlightingRenderer 才能高亮
 ObjsConfigs[0].Object.GetComponent<Switch>().CheckSwitch = true;//检查开关
 }
}
```

添加高亮类，如图 6-90 所示。

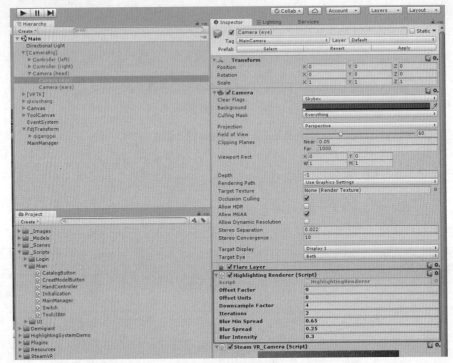

图 6-90　添加高亮类

所需要拆卸的全部零件及操作提示，如图 6-91 所示。

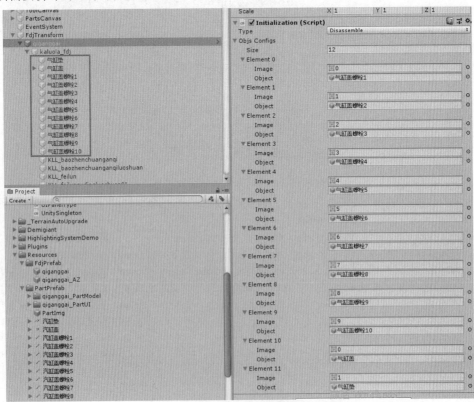

图 6-91　需要拆卸的全部零件及操作提示

新建 Revolve.cs（扳手动作），代码如下。

```
using UnityEngine;
using VRTK;
using VRTK.UnityEventHelper;
public class Revolve : MonoBehaviour{/// 扳手动作
public TextMesh go;
public VRTK_Control_UnityEvents controlEvents;
private void Start(){
    controlEvents = GetComponent<VRTK_Control_UnityEvents>();
    if(controlEvents == null){
        controlEvents = gameObject.AddComponent<VRTK_Control_UnityEvents>();
    }
    controlEvents.OnValueChanged.AddListener(HandleChange);
}
public void HandleChange(object sender, Control3DEventArgs e){
    go.text = e.normalizedValue.ToString();
    if(go.text == "0") {//当选择值为 0
        MainManager.Instance.NextCheck(gameObject); //拆解 当前方法还未定义，可以
先注释
    }
}
}
```

新建抓取类 Grab.cs。

```
using UnityEngine;
using VRTK;
public class Grab : VRTK_InteractableObject{/// 抓取零件
private void Start(){
    gameObject.GetComponent<Grab>().isGrabbable = true;
    gameObject.GetComponent<Grab>().touchHighlightColor = Color.green;
}
//继承 VRTK_InteractableObject，重写 OnInteractableObjectUngrabbed
//把 highlightOnTouch、isGrabbable、isUsable 设置为 ture
public override void OnInteractableObjectUngrabbed(InteractableObjectEventArgs e){
    base.OnInteractableObjectUngrabbed(e);
    //print("松开侧边键");
    //松开侧边键，给零件添加力，用于和部件库碰撞检测
    gameObject.GetComponent<Rigidbody>().useGravity = true;
}
}
```

补充 MainManager.cs 类，将如下代码补充到 MainManager 代码中。

```
using HighlightingSystem;
public class MainManager : UnitySingleton<MainManager>{
[Header("旋转角度提示")]
public TextMesh angleText;
public static int NUM = 0;//控制拆卸步骤
public void LastCheck(GameObject obj){// 设置部件状态
    //去掉螺栓检查开关
    obj.GetComponent<Switch>().CheckSwitch = false;
    //去掉螺栓高亮
```

```
        Destroy(obj.GetComponent<CSHighlighterController>());
        Destroy(obj.GetComponent<Highlighter>());
    }
    public void NextCheck(GameObject Hand){/// 拆解下一个部件
        NUM++;//控制步骤
    StartCoroutine(Operation());
    Destroy(Hand);//删工具下手柄
    ToolUIBtn.Instance.CreatTool(Folder, _postion, _rotation, Hand);//重新实例手柄
    }
    IEnumerator Operation(){
        Vector3 vec = Initialization.Instance.ObjsConfigs[NUM - 1].Object.
GetComponent<Switch>().BoltPostion;
        MoveToNewPosition(vec.x, vec.y, vec.z, Initialization.Instance.ObjsCon
figs[NUM - 1].Object.gameObject);//螺栓位移
    yield return new WaitForSeconds(0f);
        Initialization.Instance.ObjsConfigs[NUM - 1].Object.gameObject.AddComponent
<Grab>();
        Initialization.Instance.ObjsConfigs[NUM - 1].Object.gameObject.AddComponent
<Rigidbody>().useGravity = false;
    if(NUM < Initialization.Instance.ObjsConfigs.Count){//开启下一个高亮和检查开关
        Tip.sprite = Initialization.Instance.ObjsConfigs[NUM].image;//下一步提示
        Initialization.Instance.ObjsConfigs[NUM].Object.gameObject.AddCom ponent
<CSHighlighterController>();//开启下一个高亮
        Initialization.Instance.ObjsConfigs[NUM].Object.gameObject.GetComponent<
Switch>().CheckSwitch = true;//开启下一个开关
        }
    }
    public void MoveToNewPosition(float x, float y, float z, GameObject obj){//
螺栓位移
        obj.transform.localPosition = new Vector3(obj.transform.localPosition.x
+ x, obj.transform.localPosition.y + y, obj.transform.localPosition.z + z);
    }
    }
    }
```

设置 MainManager 类的公共变量，如图 6-92 和图 6-93 所示。

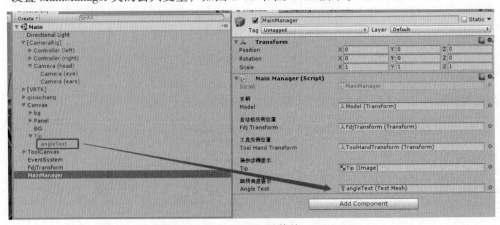

图 6-92　把 angleText 赋值给 angleText

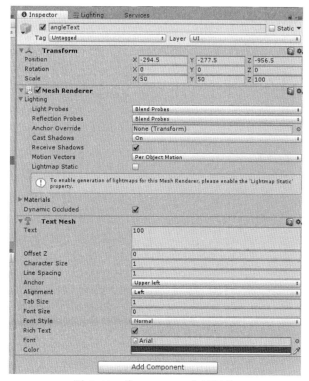

图 6-93　为 Text Mesh 变量赋值

给工具添加类 ToolCheck.cs，代码如下，并设置公共变量，如图 6-94 所示。

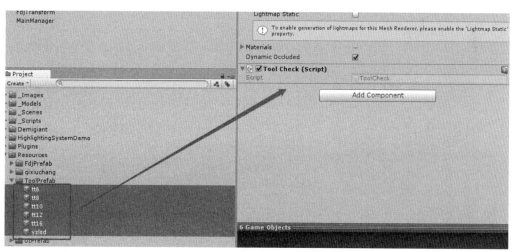

图 6-94　设置公共变量

```
using UnityEngine;
using VRTK;
public class ToolCheck : MonoBehaviour{// 挂载工具上
    private void Start(){
        gameObject.AddComponent<BoxCollider>();
        gameObject.AddComponent<Rigidbody>().useGravity = false;//去掉重力
    }
    // 当扳手和零件发生碰撞时，把扳手放在零件下，并设置扳手的位置
```

```
    private void OnTriggerEnter(Collider other){
        //当零件标签为 Parts    零件和工具型号对应    并且检查开关为 true
        if(other.tag == "Parts" && other.GetComponent<Switch>().ToolType ==
gameObject.name && other.GetComponent<Switch>().CheckSwitch == true){
            //扳手位置为零件下
            gameObject.transform.SetParent(other.transform);
            gameObject.transform.localPosition = new Vector3(0, 0, 0);
            gameObject.transform.localEulerAngles = new Vector3(0, 90, -90);
            MainManager.Instance.HandTool(true);//显示手柄
            //添加拆卸脚本
            gameObject.AddComponent<VRTK_SpringLever>();//vrtk 插件
            //手柄碰触工具变绿色
            gameObject.GetComponent<VRTK_InteractableObject> ().touchHighlig
htColor = Color. green;
            //重置工具轴心点
            gameObject.GetComponent<HingeJoint>().anchor = new Vector3(0, 0, 0);
            //添加角度值
            gameObject.AddComponent<Revolve>();
            gameObject.GetComponent<Revolve>().go = MainManager.Instance.angleText;
            MainManager.Instance.LastCheck(other.gameObject);//去掉高亮和触发开关
        }
    }
}
```

补充 VRTK_Lever.cs 类，添加 VRTK_Lever 类 DetectSetup 方法中的 if 判读内容。

```
protected override bool DetectSetup(){
    if(leverHingeJointCreated){
        Bounds bounds = VRTK_SharedMethods.GetBounds(transform, transform);
        //控制扳手方向
        direction = gameObject.transform.parent.GetComponent<Switch>().toolRotation;
        //获取扳手角度值
        maxAngle = gameObject.transform.parent.GetComponent<Switch>().MaxmaxAngle;
```

补充 Revolve.cs 类，Revolve 类中 HandleChange 方法中之前注释了一个方法，现在可以取消注释。

5. 搭建部件库

UI 面板，导入部件库.unitypackage，如图 6-95 和图 6-96 所示。

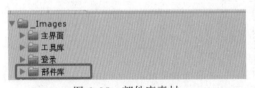

图 6-95　部件库素材　　　　　　　　　　图 6-96　部件库场景和 UI 界面

设置部件台参数，如图 6-97 所示。

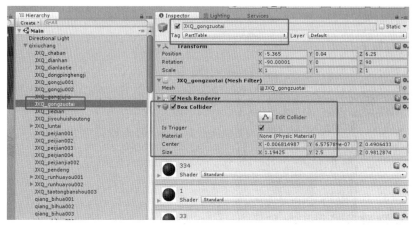

图 6-97　设置部件台参数

补充 MainManager.cs 类，将如下代码补充到 MainManager 类定义位置。

```
[Header("发动机实例位置")]
public Transform FdjTransform;
[Header("工具实例位置")]
public Transform ToolHandTransform;
```

把位置和预制体赋值给公共变量，如图 6-98 所示。

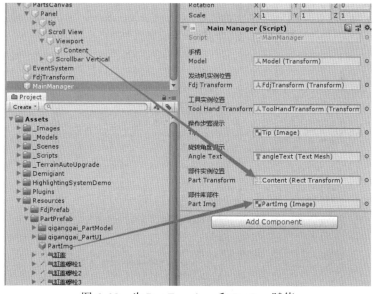

图 6-98　为 Part Transform 和 PartImg 赋值

补充 Grab.cs 类，将如下方法添加到 Grab 类中。

```
private void OnTriggerEnter(Collider other){// 和部件台碰撞检测
    if (other.tag == "PartTable"){//部件台 tag 设置为 PartTable
        print(gameObject);
        GameObject o = Instantiate(Resources.Load<GameObject>("PartPrefab/PartImg"),
MainManager.Instance.PartTransform);
        o.GetComponent<Image>().sprite = Resources.Load<Sprite>("PartPrefab/"
+ gameObject.name);//根据部件名字加载部件 UI
```

```
        Destroy(gameObject);
    }
}
```

如图 6-99 所示,将预制体 PartImg 做成预制体。

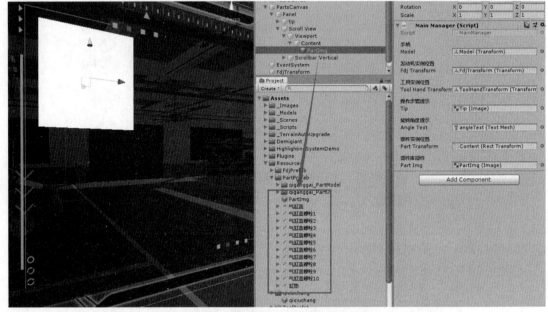

图 6-99　将预制体 PartImg 做成预制体

6. 安装模块

安装面板,气缸盖安装按钮添加类,如图 6-100 所示。

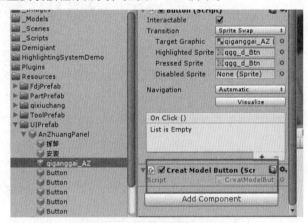

图 6-100　气缸盖安装按钮添加类

补充 Initialization.cs 代码,将代码添加到类的定义位置中。

```
public enum type{
Disassemble,
Install
}
public type m_type;//拆卸和安装
//安装时存放和工具交互的零部件
```

```
public Transform ModelPart;
public List<GameObject> ModelPartList = new List<GameObject>();
//存放零部件UI预制体
public List<GameObject> UIPartList = new List<GameObject>();
```

将如下代码添加到 Initialization 类中的 Start 方法中。

```
if(m_type == type.Install){ //Install安装时执行
    //加载部件库UI
    for (int i = 0; i < UIPartList.Count; i++){
        GameObjectUIPart=Instantiate(UIPartList[i],MainManager.Instance.
PartTransform);
        UIPart.name = UIPartList[i].name;
    }
    ObjsConfigs[0].Object.SetActive(true);
}
```

将如下类，写到 Initialization 文件中，和 Initialization 类并列。

```
#if UNITY_EDITOR
[CustomEditor(typeof(Initialization))]
public class ScriptEditor : Editor{
    private SerializedObject test;//序列化
    private SerializedProperty m_type, ObjsConfigs, ModelPart, UIPartList;
    void OnEnable(){
        test = new SerializedObject(target);
        m_type = test.FindProperty("m_type");//获取拆卸和安装分类
        ObjsConfigs = test.FindProperty("ObjsConfigs");//和工具交互的零部件
        ModelPart = test.FindProperty("ModelPart");//
        UIPartList = test.FindProperty("UIPartList");//存放零部件UI预制体
    }
    public override void OnInspectorGUI(){
        test.Update();//更新test
        EditorGUILayout.PropertyField(m_type);
        if(m_type.enumValueIndex == 0){
            //当选择第一个枚举类型
EditorGUILayout.PropertyField(test.FindProperty("ObjsConfigs"), true);
        }else if(m_type.enumValueIndex == 1){
            EditorGUILayout.PropertyField(test.FindProperty("ObjsConfigs"),
true);
            EditorGUILayout.PropertyField(test.FindProperty("UIPartList"),
true);
            EditorGUILayout.PropertyField(test.FindProperty("ModelPart"),
true);
        }
        test.ApplyModifiedProperties();//应用
    }
}
#endif
}
```

重新设置拆解的发动机模型，为公共变量赋值，如图 6-101 所示。

气缸盖安装模型添加 Initialization.cs，并添加安装部件，如图 6-102 所示。

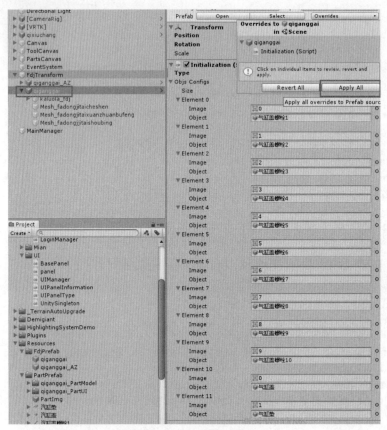

图 6-101　重新设置模型

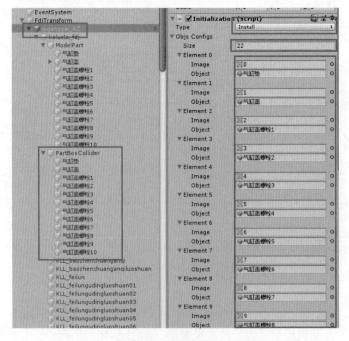

图 6-102　气缸盖安装模型添加 Initialization.cs

将需要操作的螺栓，添加到变量中，如图 6-103 所示。

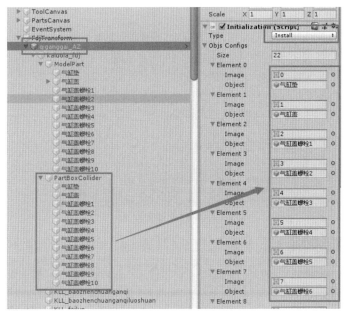

图 6-103　添加需要操作的螺栓

将需要操作螺栓的父物体，添加到变量中，如图 6-104 所示。

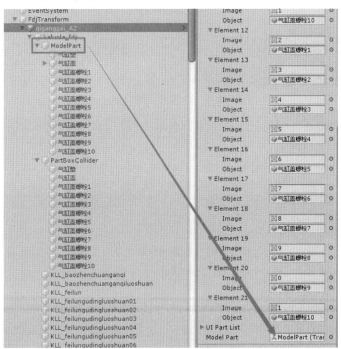

图 6-104　为 ModelPart 赋值

部件螺栓做成预设物然后清空，如图 6-105 ~ 图 6-108 所示。

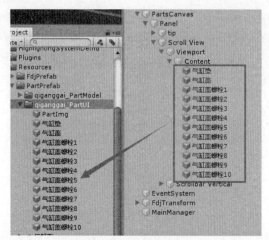

图 6-105　制作成预制体

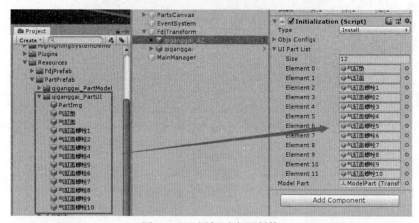

图 6-106　添加对应预制体

图 6-107　设置路径和角度

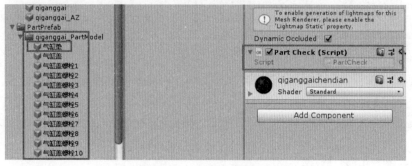

图 6-108　单独做成预设物

创建 PartCheck.cs 类。

```
public class PartCheck : MonoBehaviour{// 挂载零件上
void Start(){
    gameObject.AddComponent<BoxCollider>();
    gameObject.AddComponent<Rigidbody>().useGravity = false;//去掉重力
}
//当零件和"零件碰撞体"发生碰撞时，显示零件
    private void OnTriggerEnter(Collider other){
    //当零件标签为 Parts    零件和工具型号对应    并且检查开关为 true
    if(other.tag  ==  "Parts"  &&  other.GetComponent<Switch>().ToolType==
gameObject.name && other.GetComponent<Switch>().CheckSwitch == true){
        MainManager.NUM++;//控制步骤
#region 重置安装零部件
for(int i = 0; i < Initialization.Instance.ModelPart.childCount; i++){
        if(Initialization.Instance.ModelPart.GetChild(i).name==gameO
bject .name){
    Initialization.Instance.ModelPart.GetChild(i).gameObject.SetActive(true);
        }
    }
Destroy(gameObject);//销毁手柄上零件
    other.gameObject.SetActive(false);//隐藏碰撞体
    #endregion
//显示手柄
    MainManager.Instance.HandTool(true);
#region 开启下一个高亮和检查开关
    if (MainManager.NUM < Initialization.Instance.ObjsConfigs.Count){
        //下一步提示
        MainManager.Instance.Tip.sprite=Initialization.Instance.ObjsCon
figs[MainManager.NUM].image;
    Initialization.Instance.ObjsConfigs[MainManager.NUM].Object.SetActive(true
);
        //开启下一个高亮
    Initialization.Instance.ObjsConfigs[MainManager.NUM].Object.AddComponent<
CSHighlighterController>();
        //开启下一个开关
    Initialization.Instance.ObjsConfigs[MainManager.NUM].Object.GetComponent<
Switch>().CheckSwitch = true;
        }
        #endregion
    }
}
}
```

补充 Switch.cs 代码，如图 6-109 所示。

图 6-109 补充 Switch.cs 代码

在 Switch 文件中，添加一个类，和 Switch 类并列。

```
#if UNITY_EDITOR
[CustomEditor(typeof(Switch))]
public class ScriptEditor : Editor{
    private SerializedObject test;//序列化
    private SerializedProperty m_type, ToolType, toolRotation, MaxmaxAngle,
BoltPostion;
    void OnEnable(){
        test = new SerializedObject(target);
        m_type = test.FindProperty("m_type");//工具型号
        ToolType = test.FindProperty("ToolType");//获取工具型号
        toolRotation = test.FindProperty("toolRotation");//获取工具方向
        MaxmaxAngle = test.FindProperty("MaxmaxAngle");//获取工具旋转角度
        BoltPostion = test.FindProperty("BoltPostion");//获取螺栓位移方向
    }

    public override void OnInspectorGUI(){
        test.Update();//更新 test
        EditorGUILayout.PropertyField(m_type);
        if(m_type.enumValueIndex == 0){
            //当选择第一个枚举类型
            EditorGUILayout.PropertyField(ToolType);
            EditorGUILayout.PropertyField(toolRotation);
            EditorGUILayout.PropertyField(MaxmaxAngle);
            EditorGUILayout.PropertyField(BoltPostion);
        } else if (m_type.enumValueIndex == 1) {
            EditorGUILayout.PropertyField(ToolType);
        }
        test.ApplyModifiedProperties();//应用
    }
#endif
}
```

更新拆卸模型设置，如图 6-110 所示。

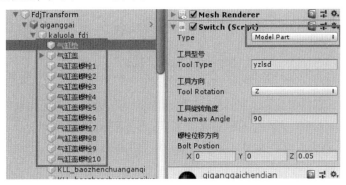

图 6-110　更新拆卸模型设置

设置安装模型参数，如图 6-111 和图 6-112 所示。

把安装和拆卸模型做成预设物，清空 FdjTransform，如图 6-113 所示。

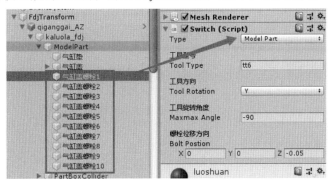

图 6-111　设置安装模型参数（1）

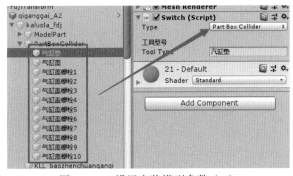

图 6-112　设置安装模型参数（2）

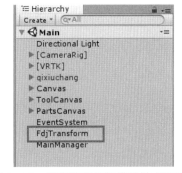

图 6-113　把安装和拆卸模型做成预设物

本　章　小　结

　　本章我们将上文中的开发语言和开发工具组合在一起，并且成功开发了两款应用实例，在整个过程中，我们又对不同设备进行配设和安装，在不同系统设备下进行开发，相信大家也会有更深层次的学习，有很深的体验。

参 考 文 献

[1] 国家 863 中部软件孵化器. C#从入门到精通[M]. 2 版. 北京：人民邮电出版社, 2015.

[2] Unity 公司. Unity 5.X 从入门到精通[M]. 北京：中国铁道出版社, 2015.

[3] 冀盼,谢懿德. VR 实战开发[M]. 北京：电子工业出版社, 2017.